致密储层二氧化碳提高采收率与地质封存微观机理

王 琛 高 辉 刘月亮 著

科学出版社

北京

内 容 简 介

注 CO_2 是致密油藏补充地层能量、实现油藏高效开发的一种有效手段，与此同时，油藏地质体 CO_2 封存一直被认为是缓解大气 CO_2 排放的有效措施，在致密砂岩油藏储层改造及补充地层能量过程中，可将 CO_2 大规模封存于油藏地质体内，为实现"双碳"目标提供有力的技术支撑。本书系统总结了 CO_2 在致密砂岩油藏单一孔隙介质、裂缝–孔隙双重介质中的微观驱油与封存特征，明确了不同相态、不同注入方式下 CO_2–原油体系流动通道与地质封存规律，从本质上揭示了致密砂岩油藏 CO_2 驱油与地质封存的微观机理。

本书内容对于优化油田现场 CO_2 驱油注采方案，实现 CO_2 在致密砂岩油藏的高效封存具有重要意义。可供从事现场工作的科研人员使用，也可作为大专院校有关专业的教学参考书。

图书在版编目（CIP）数据

致密储层二氧化碳提高采收率与地质封存微观机理／王琛，高辉，刘月亮著 . -- 北京：科学出版社，2024. 11. -- ISBN 978-7-03-079825-1

Ⅰ. TE357. 45

中国国家版本馆 CIP 数据核字第 2024XP3865 号

责任编辑：焦　健／责任校对：韩　杨
责任印制：肖　兴／封面设计：无极书装

科　学　出　版　社 出版
北京东黄城根北街 16 号
邮政编码：100717
http://www.sciencep.com
中煤（北京）印务有限公司印刷
科学出版社发行　各地新华书店经销

*

2024 年 11 月第　一　版　　开本：720×1000　1/16
2024 年 11 月第一次印刷　　印张：17 1/2
字数：350 000

定价：228.00 元
（如有印装质量问题，我社负责调换）

前　言

致密油气是全球一种非常重要的非常规资源，也是接替常规油气能源、支撑油气革命的重要力量。近年来，国内外致密油藏开发经验表明，致密砂岩储层孔喉尺度达到微、纳米级、孔喉缝系统复杂、储层非均质性强，会导致油藏开发效果差、产量递减快、开发程度低，使得注水开发等常规油藏开发方式不再适用。

室内研究成果及现场实践经验显示，注CO_2是致密油藏补充地层能量、实现油藏高效开发的一种有效手段。CO_2气体相比其他气体具有明显的技术优势，其进入地层以后，在一定条件下可与原油形成混相，实现降低原油黏度、降低油气界面张力、膨胀原油体积、减缓CO_2黏性指进、延缓气窜等优势效应，应用后单井产能可以得到显著提升。与此同时，油藏地质体CO_2封存一直被认为是缓解大气CO_2排放的有效措施，由于具有稳定的盖层和成熟的地面配套设施，致密砂岩油藏成为CO_2地质封存的理想场所。在致密砂岩油藏储层气驱补充地层能量和储层改造过程中，可将CO_2大规模封存于油藏地质体内。但是，非常规致密砂岩油藏复杂的孔喉系统和极强的微观非均质性影响着CO_2–原油体系渗流和地质封存特征。目前，关于不同相态CO_2–原油体系在微、纳米级孔喉系统中的微观渗流特征还不清楚，在单一介质或双重介质空间内的原油动用规律仍有待揭示；同时，CO_2驱替或吞吐过程中的微观封存机理还未认清，CO_2驱油与地质封存协同一体化作用机制还需明确。

因此，本书通过对目前致密砂岩油藏CO_2驱最新研究成果的分析总结，运用高温高压可视化流动模拟系统，全面评价了CO_2在致密砂岩油藏单一孔隙介质、裂缝–孔隙双重介质中的微观驱油与封存特征，明确了不同相态、不同注入方式下CO_2–原油体系流动通道与地质封存规律，从本质上揭示了致密砂岩油藏CO_2驱油与地质封存微观机理，为致密砂岩油藏的高效开发及国家"双碳"目标的实现提供坚实的理论支撑。

本书由西安石油大学优秀学术著作出版基金资助出版，研究成果由国家自然科学基金面上项目（No. 52374041，No. 52174030）、国家优秀青年科学基金项目（No. 52322402）资助完成。

目　　录

第一章 概　　述

第一节　国内外技术现状

一、CO_2驱油技术现状

碳捕集、利用与封存（carbon capture utilization and storage，CCUS）技术能够有效实现温室气体的减排及利用，是解决全球气候变化的重要手段之一（秦积舜等，2020）。近年来，随着油气勘探的不断深入，我国低渗透油藏比例逐渐增大，约占全国已探明油藏储量的2/3。为解决低渗透油藏开发难度大、开采效率低等问题，注气驱油技术越来越受重视（叶航等，2020）。其中，CO_2具有降低原油黏度、膨胀原油等优势，使得CO_2驱油技术兼具经济与环境效益，能够在提高原油采收率的同时实现碳封存，备受工业界青睐（Ren et al.，2015；宋倩倩等，2015）。

CO_2驱油技术已在国外发展40余年，技术相对成熟，且CO_2封存潜力较大。据估算，全球用于CO_2驱替的总CO_2封存量可达$733×10^8 \sim 2388×10^8$t，在过去的40年间已有近$10×10^8$t的CO_2通过CO_2驱油项目被注入地层中，有效减少了CO_2排放（Saini，2015）。CO_2驱油技术在各类CCUS技术中脱颖而出，国内外实施了多项矿场先导试验项目或商业项目（李士伦等，2020）。与国外相比，我国CO_2驱油技术起步较晚，但在"温室气体提高石油采收率的资源化利用及地下埋存""CO_2驱油与埋存关键技术"等国家重点科研专项的支持下，我国大庆、长庆、胜利、延长、新疆、吉林等油田相继开展了CO_2驱油先导试验研究，后续发展潜力巨大（Li et al.，2009；Sun et al.，2018）。

（一）CO_2驱油机理

实施CO_2驱油过程中，能够实现CO_2驱油同时提高原油采收率（Li et al.，2009；刘焱，2018）。CO_2驱油机理主要包括以下方面：①引起原油体积膨胀。

CO_2 易与原油互溶，使其体积膨胀 110% ~ 200%，导致地层弹性能量及孔隙含油饱和度增加，大大改善原油流动性（范盼伟等，2017）。②降低原油黏度，改善油水流度比。CO_2 溶于水后生成碳酸，原油经碳酸酸化后的黏度和流度均会降低，从而使得油水流度比减小，最终导致水驱波及体积扩大（韦琦，2018）。③萃取轻质组分。CO_2 溶于原油后会与其中的轻质组分发生交换与抽提，使剩余油饱和度降低。CO_2 将持续溶解直至原油体系达到溶解-抽提平衡，从而达到萃取原油中轻质组分的效果（江怀友等，2009）。④混相效应。当注入压力大于最小混相压力（minimum miscible pressure，MMP）时，CO_2 与原油多次接触传质后能与原油发生混相，此时，CO_2 不仅可以萃取原油中的轻质组分，而且还可以形成特殊的混相带，大大促进驱油过程（Eshraghi et al.，2016；李阳，2020）。⑤分子扩散作用。注入油层中的 CO_2 难以与原油完全混相，多数条件下 CO_2 通过分子缓慢扩散作用溶于原油（陈龙龙，2023）。⑥酸化作用。CO_2 溶于水后会呈现出弱酸性，可与储层中部分碳酸盐类矿物反应生成碳酸盐，使注入井附近储层的渗透率增加。此外，碳酸化后的原油和水中 H^+ 浓度的上升，会抑制黏土矿物的膨胀、分散和运移（孙会珠等，2020）。

根据驱替方式不同，CO_2 驱油可分为混相驱、非混相驱和近混相驱三类（Wang et al.，2017；秦积舜等，2020）。结合我国实际情况，若油藏地层压力比 MMP 高 1MPa 以上，称为混相驱；若油藏地层压力比 MMP 低 1MPa 以下，称为近混相驱；若油藏地层压力比 MMP 低 1MPa 以上，称为非混相驱。若油藏地层压力低于 MMP 的 75%，考虑到注入性差且气窜严重等原因，不建议实施 CO_2 驱油（秦积舜等，2020）。对于混相驱而言，混相效应是最主要的驱油机理，CO_2 与原油相间传质后形成的混合油带流动性好，能够有效提高 CO_2 波及体积和驱油效率（王琛，2018）。此前，研究了对致密砂岩油藏混相驱、非混相驱和近混相驱三类典型驱替模式的全面评价（图 1.1）。实验结果发现原油采收率与 CO_2 的注入压力呈正相关，随着注入压力升高，采收率整体呈上升趋势。非混相阶段采收率最低，近混相阶段采收率增速最快，达到混相驱后采收率达到最高，增加速度降低（陈兴隆等，2009）。致密砂岩油藏 CO_2 驱原油微观动用程度在混相驱、近混相驱和非混相驱阶段存在差异性问题。

基于两相驱油机理，李南和程林松（2012）通过采用二维从简单到复杂的孔隙喉道模型，分析了均匀、非均匀孔隙喉道不考虑对流扩散和非均匀孔隙喉道考虑对流扩散条件下的微观波及特征。研究总结了微观剩余油模式及润湿性对微观波及效率的影响，更深入认识了 CO_2 在低渗透油藏中的微观渗流规律。

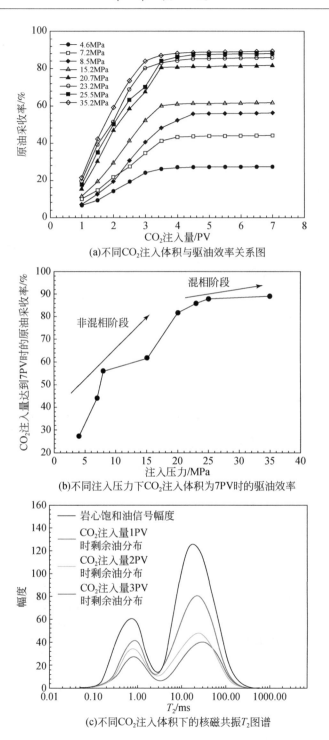

(a)不同CO_2注入体积与驱油效率关系图

(b)不同注入压力下CO_2注入体积为7PV时的驱油效率

(c)不同CO_2注入体积下的核磁共振T_2图谱

图1.1 不同注入压力/体积下的CO_2驱油效率(Wang et al.,2017)

　　针对苏北盆地复杂小断块油藏的特点，陈祖华等（2020）综合考虑了油藏的地质特征（如"碎小低薄深"）和开发特征（如"三低三高"）。此外，围绕成本和效益进行技术创新，将 CO_2 驱/吞吐技术从低渗透逐步扩大到中高渗透，从单一驱/吞吐向组合驱/吞吐发展，其适应性强，经济性好。同时，张德平（2021）采用现场交替注水工况条件，进行了 CO_2 驱油与埋存过程中水–岩动力学反应数值模拟，得出储层岩石的矿物含量、孔渗特性、封存能力及隔层孔渗特性的变化规律（图1.2）。为化学–渗流–力学作用下地层完整性数值模拟提供所需参数及理论基础。

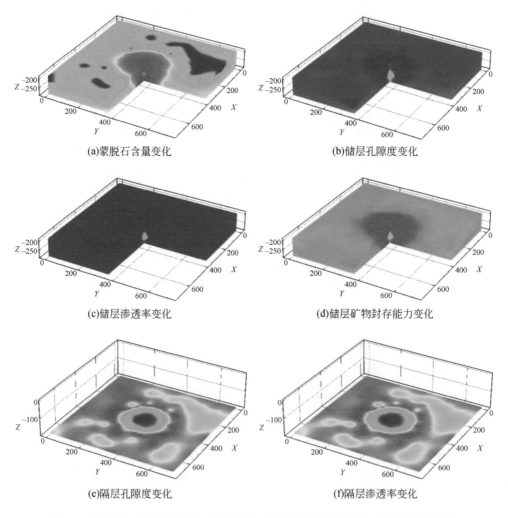

(a)蒙脱石含量变化　　　　　　　　　　　　(b)储层孔隙度变化

(c)储层渗透率变化　　　　　　　　　　　　(d)储层矿物封存能力变化

(e)隔层孔隙度变化　　　　　　　　　　　　(f)隔层渗透率变化

图1.2　储层岩石的矿物含量、孔渗特性、封存能力及隔层孔渗特性的变化规律

（据张德平，2021）

郑文宽等（2021）揭示了注采耦合在 CO_2 驱作用机理和开发规律。研究表明：CO_2 的溶解扩散和油弹性膨胀会消除高压差条带，使得注采井区域压力均匀上升，CO_2 分布均匀有利于边角区油藏动用。未来还可开展不同类型油藏的注采耦合机理研究，分析油藏非均质性、CO_2 注入参数等因素的影响，进一步完善注采耦合 CO_2 驱的理论与技术体系。

刘向斌等（2022）研制了新型环保耐低温 CO_2 水合物冻堵解堵剂和近井地带高效解堵剂（图 1.3）。该解堵技术在大庆油田 CO_2 驱试验区现场应用 58 井次，累计增注量达 $40442m^3$，技术实用性高。未来还可研究不同堵塞类型的形成机理，优化解堵工艺；将该技术推广应用到其他 CO_2 驱油藏，扩大适用范围。

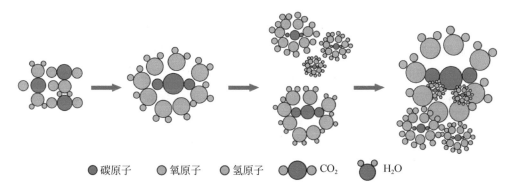

●碳原子　○氧原子　○氢原子　●●CO₂　●₀₀H₂O

图 1.3　CO_2 水合物结构形成过程示意图（据刘向斌等，2022）

魏振国等（2023）针对物性差油藏注水困难的问题，开展了 CO_2 驱微粒运移堵塞规律及有机垢解堵实验。结果表明：CO_2 驱引起无机垢、有机垢和微粒积聚成团堵塞，导致储层渗流能力变差；CO_2 驱油中通过加注甲苯等可解决有机垢的问题，同时也可以减小由微粒运移和微粒积聚成团引起的地层堵塞。

鲁守飞等（2024）针对 CO_2 驱过程中对油藏的适应性问题，研究在驱油过程中原油及岩石的性质变化。结果表明：随着 CO_2 注入量的增加，岩石的孔隙半径、渗透率增大，亲油性增强。随着温度及作用压力增加，原油的密度降低；在温度一定时，随着作用压力的增加，原油的黏度会先减小后增加最后趋于稳定，C_{30+} 的含量会降低。

（二）CO_2 驱油应用现状

CO_2 驱油技术能在提高油田经济效益的同时实现碳封存，促进能源发展与环境保护的有机统一，对推进全球经济社会的可持续发展具有重要意义（陈欢庆等，2012）。CO_2 的捕集和封存能够降低大气中温室气体的含量，其中 CO_2 驱油技术是实现 CO_2 捕集和封存的有效手段之一。对致密油/页岩油开展 CO_2 驱油能提高原油采收率，实现经济效益和环境保护双赢（刘冰，2016）。全球 CO_2 驱油及封存一体化技术正在逐渐发展形成（袁士义等，2020）。

关于国外 CO_2 驱油技术，美国是世界上第一个研究并应用 CO_2 驱油技术的国家。20 世纪中叶，美国大西洋炼油公司发现在制氢工艺中产生的 CO_2 能够改善原油的流动性。1952 年，Whorton 等提出了世界首个 CO_2 驱油专利，开启了 CO_2 驱油的发展历史（秦积舜等，2015；刘冰，2016；袁士义等，2020）。1963 年，苏联加快推进 CO_2 驱油技术，特别是对驱油方式进行了大量研究，开展了注 CO_2 驱油现场生产试验，开发效果较好，其后又研发了 CO_2-水交替注入技术和工艺及混相驱和非混相驱技术，矿场应用效果良好（张硕等，2009）。

我国最初的研究始于 20 世纪 60 年代，其中，大庆油田是首个开展 CO_2 驱提高采收率方法的油田，于 1965 年、1969 年开辟了 CO_2 驱提高采收率先导性试验（袁士义等，2020）。我国对 CO_2 驱油提高采收率技术的机理研究和工业应用也取得了较大的发展，不断在多个油气田开展 CO_2 驱矿场试验，主要包括大庆、华北、胜利、大港、长庆、吉林、中原等（沈平平和杨永智，2006；Li et al.，2014）。

1994 年，吉林油田率先在我国开展集天然气开采与 CO_2 埋存驱油于一体的项目，实施了 CO_2 吞吐、CO_2 泡沫压裂、CO_2 泡沫酸化、CO_2 水井降压增注、CO_2 解堵等多种矿场试验，效果较好（董喜贵等，2009；许志刚等，2009）。1996 年，江苏富民油田 48 井进行了 CO_2 吞吐试验，随后开展了 CO_2 驱试验（张德平，2011）。1998 年，胜利油田开展了 CO_2 单井吞吐试验，单井产油量增加了 200t 以上（曹绪龙等，2020）。

2006 年，中原油田实施低渗透油藏 CO_2 驱提高采收率先导试验，其油藏特点是高温、高地层水矿化度。2008 年，胜利油田在胜利发电厂建设"燃煤发电厂烟气 CO_2 捕集纯化装置"，建成后每年可使胜利油田减少 CO_2 排放 3×10^4t，并可提高采油率 20.5%（龚蔚等，2008）。2009 年，大庆油田已将 CO_2 提高采收率（CO_2-EOR）技术纳入战略储备技术，扩大 CO_2 产能建设和驱油试验区规模，并逐步将试验区从外围油田向老区油田延伸（董喜贵等，2009；文星等，2015）。

2014 年，靖边油田开展了 CO_2-水交替注入试验，驱油效率达到 77.3%（康宵瑜等，2015）。He 等（2015）对鄂尔多斯盆地榆林市 300km 范围内的 17 个油

藏进行了 CO_2 驱油和埋存潜力评价研究，其中 9 个油藏适合 CO_2 非混相驱，8 个适合 CO_2 混相驱，非混相驱和混相驱分别能提高采收率 5.44% 和 12%，CO_2-EOR 潜力为 $8×10^7t$（He et al.，2015）。对这些研究更深入的理解，有助于揭示 CO_2 在低渗透油藏中的渗流规律以及在混相/非混相驱替过程中的特点。这些认识对于优化 CO_2 驱油过程具有重要的实际意义，为油田开发提供了理论依据。

目前，世界上最大规模的 CO_2 驱油项目，是位于美国二叠盆地的 SACROC 油田。该油田于 1942 年被发现，面积约 $200km^2$，油藏埋深为 1800 ~ 2100m。SACROC 油田 CO_2 驱油项目日产水量为 $12×10^4m^3$，产出水全部回注，CO_2 循环利用。该油田当前日注入 CO_2 达到 5440t，累计注入 CO_2 达到 $1.75×10^8t$；CO_2 驱年产油约 $150×10^4t$，CO_2 累计产油约 $4300×10^4t$。加拿大的 CCUS- EOR 示范项目是 Weyburn 项目，驱年产油量约为 $55×10^4t$，预计使油田商业寿命延长 25 年。欧洲石油公司的"2050 净零排放"，将 CCUS 技术视为零排放的必需途径之一，英国石油公司实施的 Teesside 项目，计划到 2030 年捕集并封存 CO_2 量达到 $1000×10^4t$，并建设英国第一个零碳工业区；壳牌公司鹿特丹的项目，预计在 2030 年实现封存 CO_2 量达到 $1000×10^4t$。

我国近 15 年来开展的 CCUS 相关工作主要包括建立国家重点实验室、研发中心和试验基地等平台；承担国家重大项目，配套立项重大专项、重点科技项目和重大矿场试验；完成国内主要盆地 CO_2 地质储存潜力与适应性评估；开展自备电厂烟道气 CO_2 等重要碳减排技术研究。在吉林油田建成国内首个集 CO_2 分离、捕集和驱油等于一体的全产业链基地；大庆油田的 CCUS 示范项目，目前 CO_2 年封存能力达到 $30×10^4t$；克拉玛依石化公司与新疆敦华石油技术股份有限公司合作，建成了 $10×10^4t$ 的 CCUS 捕集示范项目。总体来说，中国石油目前在长庆、新疆地区正开展先导试验，在吉林、大庆地区进入扩大试验阶段，整体处于先导试验跨入工业化试验的阶段（武杨青等，2023）。

二、CO_2 地质封存现状

CO_2 地质封存通常是指将 CO_2 注入（如深部咸水层、枯竭油气藏、深部不可开采煤层和玄武岩等）储层条件各异的地质体中，以实现安全有效的永久性固碳。

（一）CO_2 地质封存机理

CO_2 地质封存过程中主要依靠束缚空间俘获、溶解俘获和矿化俘获三种微观封存机理。

束缚空间俘获机理：CO_2在油藏中运移时会因毛细管力的存在被吸附到岩石表面（图1.4），进而被束缚在较小的岩石孔隙或裂隙内，是一种实现CO_2有效封存的重要机理（Mahzari et al.，2020）。束缚空间俘获机理一般和溶解俘获机理同时作用，最终使CO_2溶解于储层流体中（Lashgari et al.，2019）。

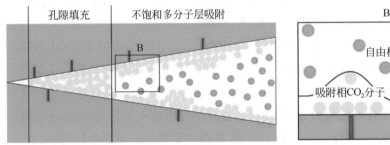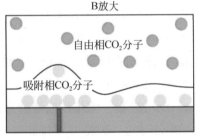

图 1.4　CO_2注入后吸附模式图（据 Dutta et al.，2011）

溶解俘获机理：CO_2注入油藏后会不断与原油和地层水接触，最终溶解其中（图1.5）。尽管大多数溶解CO_2会与采出流体一起排出，但仍有相当一部分会和残余油与残余水一起滞留在油藏中，CO_2也因此而被封存（Jin et al.，2018）。CO_2溶解俘获主要受原油及地层水中CO_2饱和度、原油组分、接触率等因素影响（Lashgari et al.，2019）。

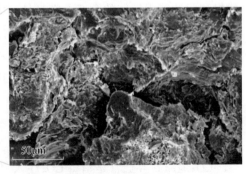

图 1.5　CO_2注入后矿物溶蚀 SEM 图（据杨现禹等，2023）

矿化俘获机理：注入的CO_2溶于地层水会生成碳酸，导致地层水 pH 降低，能够将部分岩石矿物溶解为Ca^{2+}、Mg^{2+}等，进而与CO_2发生矿化反应，生成新的碳酸盐矿物，将CO_2以固体碳酸盐的形式封存起来，是最安全的碳封存机制（图1.6）。

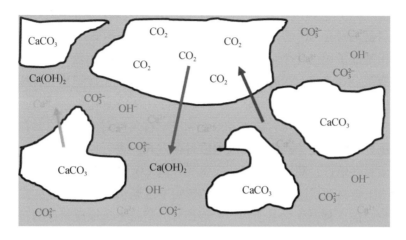

图 1.6　CO_2 注入后矿化原理图（据高影等，2024）

（二）CO_2 地质封存应用现状

了解 CO_2 封存机理对不同地质体评估 CO_2 封存潜力、选址以及开展地质封存项目等均有重要意义，各行业 CO_2 封存项目在世界其他国家也相继开展（Mosleh et al.，2019）。

美国制定了涉及 50 个工业和能源领域的 CO_2 封存项目，全部实施后其 CCUS 占比接近全球总量的 70%。在西方其他国家，加拿大 Encana 能源公司将加压后的 CO_2 注入油田储层中，使注入储层中的 CO_2 达到超临界状态，CO_2 通过与周围矿物在高压状态下反应而存储下来，注入 CO_2 总量约为 70×10^6 t（江怀友等，2010）。丹麦 NJV 电厂将 CO_2 注入卤水层中，每年注入量的预期值约为 1.8×10^6 t，最终总共封存量将达到 112×10^8 t（罗金玲等，2011）。德国 Vattenfall 公司发电厂每年产生 6×10^4 t CO_2，将捕集到的 CO_2 运输到 Ahmark 天然气开采中心，用 CO_2 驱替气藏天然气（柏明星等，2013）。在东亚其他国家，日本将 CO_2 注入陆地含水层并与数值模拟的结果进行对比，其"岩野原工程"为世界首次大规模 CO_2 注入陆地深部含水层的封存项目（全浩等，2007）。澳大利亚开展的"奥特维盆地 CO_2 地质封存示范项目"是第一个从源到汇的 CO_2 封存项目，第一阶段为 2004 ~ 2010 年，开展衰竭气田的 CO_2 地质封存研究；第二阶段为 2010 ~ 2015 年，开展地下咸水层封存 CO_2 的研究（张二勇，2012）。

2021 年 9 月，中国海洋石油集团有限公司启动首个了海上 CO_2 封存项目，在南海珠江口盆地封存 CO_2 超过 1.46×10^6 t。2022 年，中国石油天然气集团有限公司吉林油田建成了国内首个全产业链、全流程 CCUS-EOR 示范项目。中国石油天然气集团有限公司齐鲁分公司也相继开展了 CCUS 项目，计划从齐鲁炼油厂捕集 CO_2 用于提高鄂尔多斯盆地油气采收率，封存能力为 1Mt/a。

目前，国内外主要从运行成本、效率和安全性角度对 CO_2 地质封存进行多次探索，总结并制定了更为高效的 CO_2 地质封存方式。进行地质封存前，需将高纯度 CO_2 运至封存地点，利用已开发的天然气井将 CO_2 以液态方式注入储层。注入储层后的 CO_2 会在地层温度和压力条件的影响下逐渐汽化，以渗流方式通过诱导裂隙和天然裂隙运移至页岩基质内。一般而言，进行 CO_2 地质封存的目标地层主要包括深部不可采煤层、盐水层以及枯竭油储层等（Massarotto et al., 2010; Jung et al., 2013; Kutsienyo et al., 2019）。储层内部特有的孔裂隙系统以及封闭的地层水环境可对 CO_2 进行有效的物理封存，富集的特征性矿物在特定温压条件下发生化学反应也可将 CO_2 进行矿化固定（Larsen and Woutersen, 2004; Kumar et al., 2005; Mathias et al., 2010）。

从经济和技术角度考虑，利用钻井技术将 CO_2 封存深部煤层进而提高煤层气产量（CO_2-ECBM）是可行的（Stevens et al, 1998; Fang et al., 2019; Su et al., 2019）（图 1.7）。Massarotto 等（2010）利用 X 射线衍射和气体吸附实验表征 $scCO_2$-水-煤相互作用前后矿物成分及微观孔隙结构变化，发现样品与 $scCO_2$ 相互作用后，Ca 与 Fe 矿物含量降低，且对于接触面积更大的颗粒状样品而言，这一变化更明显。Chen 等（2017）选取不同煤级（R_o 为 0.79% ~ 1.80%）的煤样进行 $scCO_2$ 萃取实验，发现随着孔隙内表面小分子有机质被萃取，样品总孔体积增大，连通性增强，储渗空间会得到一定程度改善。Wang 等（2018）利用分子模拟技术探讨微观尺度下 CO_2 与 CH_4 动态吸附过程，发现相同实验条件下 CO_2 吸附选择性为 CH_4 的 2.53 ~ 7.25 倍。然而，CO_2-ECB 过程也伴随着消极因素。煤层随着吸附量增大基质膨胀会越发明显，导致储层孔裂隙被挤压，最终造成渗透率下降，从而一定程度上不利于煤层气解吸和 CO_2 地质封存过程（Day et al., 2008; Siriwardane et al., 2009）。

深部盐水层封存 CO_2 主要包括地层构造封存、水动力封存、束缚气封存、溶解封存和矿化封存五种（Bradshaw et al., 2007; 胡丽莎等，2012）。高压 CO_2 注入目标储层后会迅速驱走绝大部分孔隙水，小部分水会滞留在储层内部形成残余水。这部分水对 CO_2 地质封存安全性及封存潜力起着重要作用：一方面残余水会

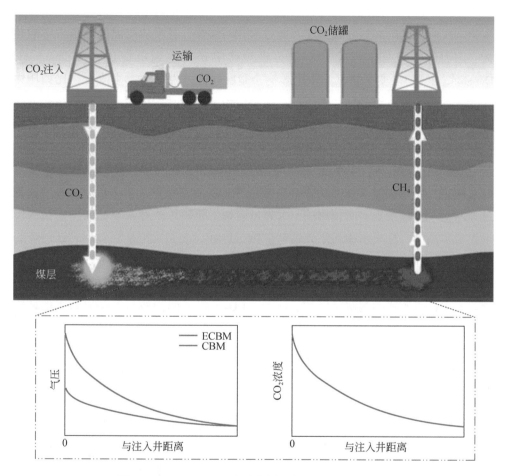

图 1.7 CO_2-ECBM 工程示意图（据 Su et al. , 2019）

溶解部分 CO_2；另一方面滞留在孔喉中的残余水会隔绝孔隙-裂隙之间的连通，当压力降低后，受封堵作用的孔隙内部与外界环境不连通，导致赋存在储层内部的 CO_2 得以保存，从而有效地减少泄漏风险（李铭等，2015）。Mahzari 等通过数值模拟研究了轻烃气相的释放对 CO_2-EOR 过程的影响，结果表明，由于该气相的存在，CO_2 在两相体系中的扩散速度更快，且释放出的气体中 CO_2 被毛细管力束缚在多孔介质中，使得储层碳封存能力显著提高（武守亚，2016）。Lashgari 等研究了分子扩散作用和吸附作用对碳封存的影响，指出当页岩油层中存在较多有机孔隙时，吸附作用较为显著，CO_2 易被束缚在储层孔隙内；而对于良好渗透率储层，分子扩散作用更为明显（Sun et al.，2020）。

另外，还有一部分 CO_2 与盐水层（图 1.8）游离态离子结合或与周围岩石发生化学反应，以碳酸盐方式封存。此过程相对缓慢，且反应受温度和压力影响较大，因而外界条件的改变会不同程度地影响矿物溶蚀沉淀过程（Zhang and Depaolo，2017）。受矿物沉淀作用影响，储层孔渗条件随之发生改变，比如压力降低过程会导致溶解的钙盐类沉淀产生部分微晶颗粒，若沉淀作用发生在孔喉附近则会对储层渗透性产生不可忽视的影响（Xu et al.，2017）。同时，结晶的矿物颗粒占据部分孔隙空间也会影响储层吸附性。对于部分碳酸盐矿物而言，CO_2-水-岩相互作用是一个可逆过程，CO_2 会随着碳酸盐矿物溶蚀和沉淀过程发生逸散或固定，因而储层条件波动也会直接影响 CO_2 封存效率。Welch 等（2019）通过地球化学模拟指出，所预测的 CO_2 通过溶解无机碳形式存在于储层中的溶解度远大于实测值，且卤水相对于碳酸盐矿物过饱和，表明无论是溶解形式还是矿物形式的 CO_2 都有很大的封存潜力。Ampomah 等（2016）研究表明，矿化封存依赖于 CO_2 在地层水中的溶解，CO_2 在地层水中的溶解降低了地层水的 pH，使得地层岩石中许多矿物的溶解度增加。因此，CO_2 直接或间接地与地层岩石中的矿物反应，导致次生碳酸盐矿物的沉淀。

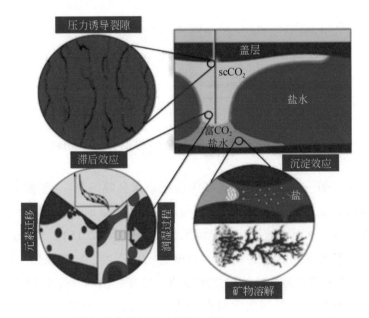

图 1.8　深部盐水层封存示意图（据 Hajiabadi et al.，2021）

深部枯竭油储层也可成为封存 CO_2 的理想场所。首先，注入的 CO_2 在浮力作用下上升，上覆低渗盖层会封堵部分 CO_2；滞留在孔隙或裂隙网络中的 CO_2 羽流和气泡会被分离，并以残余气体方式封存在基质内，此作用下封存的 CO_2 泄漏风险较低（Nghiem et al.，2010）；水相和油相介质也会使 CO_2 以溶解态存在其中，此部分 CO_2 受控于岩石和流体性质（Kutsienyo et al.，2019）。$scCO_2$ 高扩散性、低表面张力和近水密度的特点会加速储层内部油和沥青质的流动性，进而提高采收率（Fathi and Akkutlu，2014；Jung et al.，2013；Safi et al.，2016）。此外，CO_2 驱油过程也会保证储层孔隙压力不被释放，一定程度上减少地震发生概率（Zoback and Gorelick，2012）。

对于页岩气储层而言，其内部典型矿物和有机质是实现 CO_2 地质封存的物质前提，而系统内部孔隙或裂隙系统则为 CO_2 地质封存提供了空间基础。CO_2 在页岩气储层内部封存主要分为物理封存和矿物封存两种形式，前者包括吸附态、游离态和溶解态，后者则为在地层温压控制下发生化学反应以新矿物形式封存。利用页岩气储层对 CO_2 进行封存有其特有优势（罗亚煌，2016；Goodman et al.，2019）。页岩气储层具有渗透率低、连续性强及埋藏深度大等特点，因此利用典型页岩气储层封存 CO_2 发生泄漏的风险较小（Hsieh et al.，2013）。此外，页岩气储层黏土矿物粒间粒内孔以及有机质特有的微、纳米结构可为 CO_2 吸附封存提供大量的空间，碳酸盐等矿物也可将 CO_2 以物理化学的形式固定（Jia et al.，2019）。

王双明等（2022）在煤层自然封存 CO_2 和 CO_2 气藏赋存地质条件基础上，探讨利用煤炭开采、地下气化及原位热解等形成的扰动空间 CO_2 封存技术途径。据此，实现 CO_2 封存的地质条件及评价方法；构建 CO_2 封存空间的材料与工程技术；开展煤炭开采、气化及热解扰动范围探测与 CO_2 封存潜力评价；进行 CO_2 充注与封存效果监测及评估。在此基础上，分别提出了煤层采空区碎裂岩体、煤地下气化灰渣及碎裂岩体、煤原位热解半焦进行 CO_2 封存的实现途径。

从 CO_2-水-岩相互作用机制出发，杨术刚等（2023）研究 CO_2 的注入对地层岩石孔隙度、渗透率、润湿性、力学性质的影响。研究表明，CO_2-水-岩相互作用导致岩石的孔渗特征发生改变，影响着储层的注入能力与封存潜力和盖层的封闭能力；会引起岩石损伤，致使抗压强度、抗拉强度、弹性模量等力学参数减小，影响封存安全性。杨现禹等（2023）为揭示低渗油藏 CO_2 地质封存矿物颗粒运移及注入堵塞机理，明确 CO_2 物性、弱胶结非规则颗粒参数与注入堵塞间的量化关系。研究表明：CO_2 注入降低了砂岩孔隙内多相流体密度，减少了孔隙内矿物颗粒堆积数量，降低了矿物颗粒在孔隙内的堵塞，有利于 CO_2 往深部注入。

刘操等（2024）为量化评估深部煤层 CO_2 地质封存潜力，研究超临界 CO_2 与深部煤岩之间相互作用，提出了一种新方法计算 CO_2 地质封存量，能够校正吸附相体积造成的封存量计算误差，并能精确评估不同埋深煤层 CO_2 理论和有效封存量，其单位质量煤中 CO_2 封存量为 $1.52 \sim 2.16$ mmol/g，该区块深部煤层 CO_2 封存总质量为 21.97Mt。

目前，国内外学者针对不同储层的 CO_2 封存主要从可行性、经济性及安全性进行探索性研究，初步评价了煤层、深部盐水层、枯竭油储层及部分页岩储层典型物质成分影响下 CO_2 封存机制问题，并将重点集中在储层要素对 CO_2 地质封存稳定性和规模性等方面。

然而，CO_2 地质封存仍面临诸多困难，如 CO_2 封存地质控因、量化封存模型以及 CO_2 封存微观-超微观相互作用过程等科学问题。因此，需借助实验室模拟分析明确 CO_2 注入后储层内部物理化学过程，同时揭示流-固界面及内部成分及结构变化特征。

三、可视化物理流动模拟实验技术

流动可视化技术在流体力学实验中应用广泛。最初，英国物理学家雷诺通过可视化实验直接观测到水的流动状态变化，并根据流线的分布将其分为层流与紊流两种状态，揭示了流动的基本机制，为工程应用和科学研究提供了重要价值（陈舰，2022）。

研究岩心及内部流体分布的可视化方法主要有微流控驱替模型、数字岩心技术及微观砂岩物理模拟技术。平面微流控驱替模型发展得最早，但其模型制作过程复杂，且其壁面材料与真实情况相差较大，不能很好地反映空间结构中的流动状态。数字岩心技术及微观砂岩物理模拟技术具有可视、无损、快速、定位准确的特点，可以克服平面微流控驱替模型的缺点，实现了岩心及流体的可视化（秦绪佳等，2002；俎栋林，2004）。

（一）微流控驱替模型的可视化方法

微流控驱替模型主要指玻璃蚀刻模型，通过制作玻璃蚀刻模型可以模拟天然岩心的孔隙系统，从而研究油藏中的流体驱替过程。这种模型保留了岩心薄片的孔隙网络结构，可以更好地研究储油层中的流体分布和驱替作用机理。通过实验观察和分析模型中的流体流动情况，可以为油田开发和生产提供重要的参考和指导（陈晓军等，2000）。

国外学者 Davis 和 Jones（1968）首次用光学刻蚀工艺将孔隙结构刻蚀到了平面玻璃上，做成了结构可控的微观模型，并利用该模型研究了胶束溶液的微观驱替机理。国内学者郭东红等（2002）用玻璃蚀刻微观模型进行表面活性剂驱油实验。通过考察表面活性剂分子在油水界面的作用特征、水驱后残余油的受力情况以及表面活性剂对残余油受力状况的影响，总结出减小油水间的界面张力、改善岩石表面润湿性、减小孔隙中油滴的相互作用力等作用机理。

Yu 等（2019）通过微流控实验对比了水驱和强乳化表面活性剂驱油的效果[图 1.9（a）和图 1.9（b）]，并研究了水/油/水乳状液形成和驱油机理（图1.9）。两种驱替过程最初都以黏性指进为主要的流动行为，而强乳化表面活性剂驱会形成高黏度的水/油乳状液和水/油/水乳状液堵塞最初的流动路径，导致后续的驱替相转移到未波及的区域[图 1.9（c）]。图 1.9（d）和图 1.9（e）分别是水/油乳状液和水/油/水乳状液的放大图，图 1.9（f）为强表面活性剂驱替后剩余油图像。

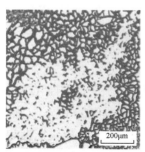
(a)水驱实验黏性指进

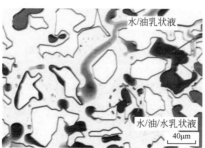
(b)强乳化表面活性剂驱中水/油乳状液和水/油/水乳状液的形成

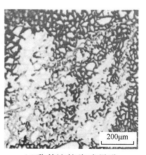
(c)乳状液的生成导致波及效率的提高

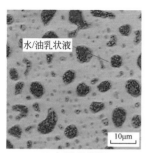
(d)水/油乳状液

(e)水/油/水乳状液

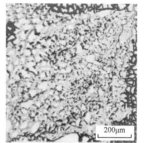
(f)强表面活性剂驱替后剩余油

图 1.9 微流控芯片模拟稠油油藏中表面活性剂驱的流体流动行为（据 Yu et al.，2019）

赵梦丹（2021）采用可视化微观模型研究微、纳米颗粒的流动特征和驱油机理。通过微观结构分析和微、纳米颗粒体系驱油效果的影响，探讨颗粒的微观驱油机理；实验表明，微凝胶颗粒可以提高驱替相的黏度，改善流度比，有效堵塞高渗透层，扩大波及体积，提高原油采收率；在渗透率25mD[①]的二维可视化模型（图1.10）、0.01%的颗粒浓度和500μL/min的注入速度下驱油效果最好。

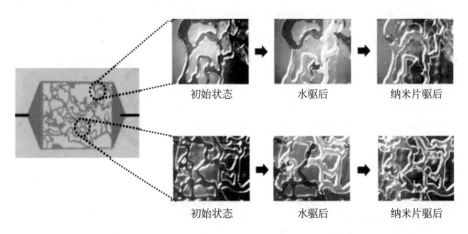

图1.10　25mD渗透率二维可视化模型的驱油效果（据赵梦丹，2021）

王勇等（2023）设计了孔洞型和裂缝型两种微流控模型，基于水溶性化学剂组分追踪技术和微观剩余油量化分析技术，分析了衰竭式开发脱气后不同类型储层的注水开发效果及水窜后治理对策。结果表明，对于孔洞型储层，可采用微球+润湿性调节剂组合调驱；对于裂缝型储层，可采用聚合物凝胶驱，针对不同储层类型所实施的水窜治理均能够有效改善储层的波及系数以提高采出程度，并且现场应用效果良好。姚传进等（2023）结合非常规油气田开发技术，并基于微流控技术设计的非常规油气田化学工作液流动模拟实验系统具有重要的研究意义。该实验系统的建立为研究非常规储层结构条件下化学工作液流动特征、催化剂运移以及油气相态转化提供了重要的辅助手段。通过模拟实验装置与方法，可以深入了解化学工作液在非常规储层中的流动规律，为优化化学驱等增产技术提供重要的参考和指导。

微流控驱替模型可以清楚地看到平面结构中流体分布的变化（图1.11），为研究驱替过程及驱替剂的效果提供了直观的研究方法。但其具有制作模型过程复

---

① $1mD = 10^{-3} \mu m^2$。

杂、壁面材料与真实情况相差较大、不能反映三维空间结构的流动状态等缺点。而数字岩心技术及微观砂岩物理模拟技术可以克服上述缺点，进行无损可视化检测。

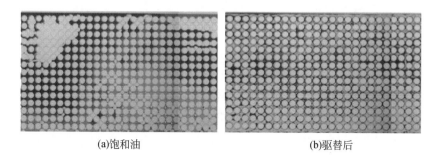

(a)饱和油　　　　　　　　　　　　　(b)驱替后

图1.11　饱和原油驱替后微流控模型

（二）数字岩心分析的可视化方法

数字岩心分析是一种岩石数字化处理技术，即通过模拟孔隙或固体结构及岩石物理性质的技术。这种分析方法有许多优势：①节省时间，通过数字岩心分析，可以缩短计算岩石物性的时间，提高效率；②永久保存，宝贵的岩心可以被数字化保存，并且可以重复使用，避免实验样品的损坏和浪费；③多次模拟，可以在同一块样品上模拟各种岩石物理性质，而传统的实验方法可能会损坏样品；④分析影响，能够改变岩心内部各组分比例和结构，分析不同组分对岩石性质的影响；⑤低成本，仅需依靠二维图片即可构建出三维数字岩心，成本相对较低；⑥解决难题，能够解决裂缝发育的储层无法进行岩石物理实验的难题，为研究提供更多可能性和可行性。总的来说，数字岩心分析技术在岩石物理性质研究领域具有重要的意义，为研究者提供了一种高效、可靠且具有多种优势的分析手段，有助于更深入地了解岩石的性质和特性。

程毅翀（2015）通过核磁共振岩心可视化方法研究了水驱油过程中岩心内流体的运移与分布特征，结合横断面、矢状面岩心切片法，获得了驱替过程中不同时刻、不同位置的油水分布信息，结果表明，水在不同物性的岩心中的推进状态不同，有的均匀推进，有的形成优势通道，应研究端部效应的存在方式与影响范围（图1.12）。

廉培庆等（2020）采用支持向量机方法对计算机断层扫描（computed tomography，CT）图像中的孔隙、孔洞和裂缝进行自动识别并分类。在对岩心所

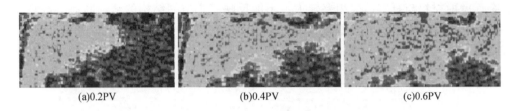

(a)0.2PV　　　　　　　　　　(b)0.4PV　　　　　　　　　　(c)0.6PV

图 1.12　不同注入量水油分布图像（据程毅翀，2015）

有截面孔隙识别的基础上，提出了判断岩心孔隙类型的分类指数。克服了碳酸盐岩油藏具有复杂的储集空间和油气渗流难度大等特征。结果表明：该方法识别精度较高，能有效确定油藏中主导地位的孔隙类型，对油田有效开发具有一定的指导意义。

乔俊程等（2022）利用微、纳米孔隙三维可视化天然气充注物理模拟实验，研究致密气充注过程中的气水流动与分布规律（图 1.13）。结果表明，在扩张阶段，大孔喉先于小孔喉形成，孔喉中央先于边缘的气驱水连续流动模式，随充注动力增加，孔隙边缘和更小孔隙中央的可动水持续被驱出。在稳定阶段，气相充注通道扩张至极限，通道的孔喉半径、喉道长度和配位数保持稳定，气相呈集中网簇状、水相呈分散薄膜状分布，含气饱和度和气相渗透率趋于稳定。

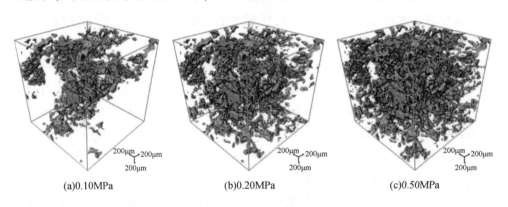

(a)0.10MPa　　　　　　　　(b)0.20MPa　　　　　　　　(c)0.50MPa

图 1.13　致密砂岩气充注过程气相充注通道变化（据乔俊程等，2022）

李爱芬等（2023）通过应用 CT 技术扫描不同蒸汽驱阶段的岩心，并构建三维数字岩心模型，实现对疏松砂岩稠油油藏孔隙结构特征的影响进行准确分析。提取孔隙网络模型，获取不同蒸汽驱阶段的岩心孔隙度、绝对渗透率以及孔隙结构相关特征等参数，并通过流动模拟得到相对渗透率曲线，进行定量统计和分析。研究表明，随着蒸汽驱过程的进行，岩心的孔隙空间会逐渐扩大，平均孔隙半径、平均喉道半径、孔隙度以及渗透率都会增加，提高了岩石的渗流能力，孔隙结构也得到改善。郑欣（2023）为定量分析储层岩石微观孔喉特征与物性特征，将毛管压力曲线法和 CT 技术相结合，通过毛管压力曲线图版得到排驱压力与孔隙特征参数，通过 CT 数字岩心技术对岩样进行三维数字岩心重构，定量可视化岩石微观孔喉表征，为研究人员提供更为准确、全面的储层表征信息。

（三）微观砂岩物理流动模拟技术的可视化方法

刘佳庆等（2012）在研究中结合真实砂岩微观模型，进行气水两相驱替物模实验，发现了不同的驱替类型和渗流路线，主要有三种驱替方式：均一网状渗流路线活塞式驱替、非均一网状与交织状非活塞式驱替及复杂渗流路线非活塞式驱替。结果表明，影响驱替渗流方式及效率的主要因素包括储层砂岩中软组分含量、物性以及束缚水饱和度。软组分的含量和性质会影响气水两相在砂岩孔隙中的分布和移动，从而影响驱替过程中的渗流路线。

张浩等（2018）通过真实砂岩微观模型（图 1.14）实验发现，不同的物性微观模型具有不同的微观驱替类型和驱油效果。高渗模型：孔隙类型为溶孔–粒间孔型，驱替类型为网状–均匀驱替，驱油效率较高；中渗模型：孔隙类型为粒间孔–溶孔型，驱替类型主要表现为指状–网状驱替，驱油效率中等；低渗模型：孔隙类型为微孔–溶孔型，驱替类型主要为指状驱替，驱油效率最低。结果表明，不同物性微观模型的孔隙结构和渗流特征会直接影响到驱替过程中的渗流类型和驱油效果。

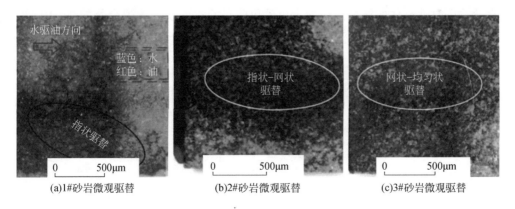

(a)1#砂岩微观驱替　　　　(b)2#砂岩微观驱替　　　　(c)3#砂岩微观驱替

图 1.14　不同砂岩微观驱替结果（据张浩等，2018）

李明等（2019）首次利用研制成功的高温、高压、防暴真实砂岩模型，进行

了 CO_2 驱油微观可视化实验研究（图 1.15），可以重新认识超低渗油藏注 CO_2 驱油时不同孔喉结构中 CO_2 赋存状态和渗流规律。结果表明，储层微观孔喉结构，尤其是孔喉大小分布的均匀程度，对 CO_2 驱油效率的重要影响超出预期，直接决定着 CO_2 能否进入储层以及其后的渗流路径。

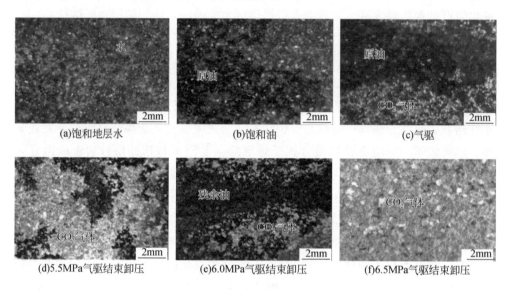

(a)饱和地层水　　　　　　(b)饱和油　　　　　　(c)气驱

(d)5.5MPa气驱结束卸压　　(e)6.0MPa气驱结束卸压　　(f)6.5MPa气驱结束卸压

图 1.15　不同实验阶段视野图（据李明等，2019）

周博等（2021）为刻画聚合物驱的出砂形态（图 1.16），利用可视化微观出砂模拟实验装置，分析聚合物及其衍生物对弱胶结地层出砂的影响。结果表明：聚合物因黏性流体的拖曳作用增大出砂风险，亏空面积是无聚合物的 7 ~ 10 倍；其衍生物聚团会阻挡蚯蚓洞的出砂，亏空面积是无聚合物的 2 ~ 5 倍。

(a)微观出砂形态　　　　　(b)出砂孔道　　　　　(c)聚合物衍生物边缘出砂

图 1.16　聚合物及其衍生物微观出砂形态（据周博等，2021）

冯洋等（2022）为研究真实砂岩微观驱替流动规律和剩余油赋存状态，通过微观可视化驱替观测装置，研究了砂岩水驱油微观过程。结果表明：真实模型驱替实验中油水间无清晰界面；微观模型从入口到出口剩余油分布增多，饱和度增大；驱替完成后，剩余油主要以孤立点珠状、膜状、不规则珠串状、渠道状以及段塞状赋存于岩石孔隙中（图1.17）。

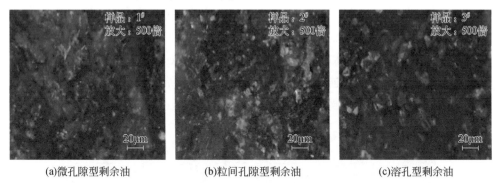

(a)微孔隙型剩余油　　　　(b)粒间孔隙型剩余油　　　　(c)溶孔型剩余油

图1.17　不同类型孔隙驱替后剩余油分布（据冯洋，2022）

刘旭飞（2023）为明确致密砂岩油藏压裂返排驱油机理，结合高温高压真实岩心微观模型驱替系统，开展了压裂返排驱油可视化实验。结果表明：致密砂岩储层返排驱油类型表现为均匀、蛇状、树枝状以及网状四种类型（图1.18）；压

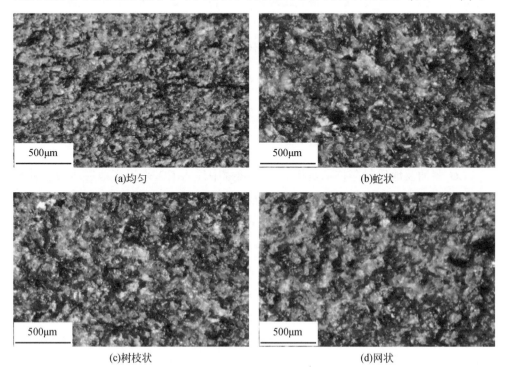

(a)均匀　　　　　　　　　　　　　(b)蛇状

(c)树枝状　　　　　　　　　　　　(d)网状

图1.18　致密砂岩储层返排驱油类型（据刘旭飞，2023）

裂液返排至剩余油状态下，镜下剩余油分布形态主要有绕流形成的簇状、片状与孤岛状剩余油、油膜，以及卡断形成的油滴四种形态。

田键等（2024）根据致密砂岩铸体薄片，可视化研究了孔隙尺度下渗吸和返排过程中气–水界面演化和两相流动行为，探讨了孔隙尺度气–水界面演化与致密砂岩宏观气体流动的关联机制。结果表明：孔隙尺度下，气–水界面随含水饱和度的增加由水膜水气–水界面向毛管水气–水界面演化，并主要通过卡断和绕流两种形式破坏气体流动连续性；孔隙尺度下气–水界面演化引起的水封气现象是水相圈闭损害的具体微观作用形式（图1.19）。

(a)致密砂岩薄片的连续变化孔喉　　　　　(b)致密砂岩薄片单根毛细通道

图1.19　致密砂岩驱替薄片

四、CO_2驱油与地质封存协同机理

（一）CO_2驱油与地质封存机理

CO_2驱油及地质封存技术是指通过向油藏中注入CO_2来提高地层压力、补充地层能量，不仅可以提高原油采收率，而且能实现大部分CO_2永久地质封存，以实现油气增产和碳中和的双重目的（陈欢庆等，2015；鞠斌山等，2023）。全球油气田使用CO_2驱油技术可增加约$350×10^8$t的石油开采量，且能将$700×10^8$～$1000×10^8$t的CO_2封存于地下（高冉等，2021）。我国有超过百亿吨的石油地质储量适合CO_2驱油，预计可增加$7×10^8$～$14×10^8$t的产油量。全国废弃油气田、无可开采的煤层和深部咸水层的CO_2封存潜力较大，预计可封存约$2300×10^3$t的CO_2，其中深部咸水层的封存潜力最大（王高峰等，2019；胡永乐和郝明强，2020；刘禹辰，2020）。此外，当温度高于31.1℃，且压力高于7.38MPa时，CO_2转变为

超临界流体（图1.20），密度为150～800kg/m³。超临界的CO_2密度比其气态时的密度大，相同质量时体积更小，因此可埋存的量更多（张德平，2021）。

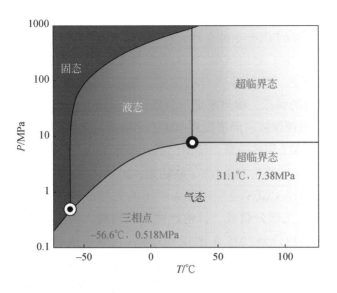

图1.20 CO_2 P-T 相态图（张德平，2021）

（二）CO_2驱油与地质封存应用现状

延长油田将煤化工CO_2减排和CO_2资源化利用创新结合，开创了陕北地区煤化工低碳发展和低渗透致密油藏绿色高效开发联动发展的产业模式。系统阐述了延长油田全流程一体化碳捕集、利用与封存技术及矿场试验，形成了煤化工低温甲醇洗低成本CO_2捕集技术，提出了低渗透致密油藏CO_2非混相驱"溶蚀增渗、润湿促渗"新理论，形成了以提高CO_2混相程度和CO_2驱立体均衡动用为主的CO_2高效驱油技术，明确了储层上覆盖层封闭机理，完善了盖层封盖能力和CO_2封存潜力评价方法，丰富了油藏CO_2安全监测技术体系。矿场实践表明，CO_2驱油与封存技术在低渗透致密油藏具有广阔的应用前景（王香增等，2023）。

长庆油田姬塬黄3区CO_2驱国家级CCUS示范工程综合试验站位于陕西省榆林市定边县冯地坑镇。宁夏宁东能源化工基地、宁夏石化公司、榆横工业园区、长庆油田上古天然气处理总厂、陕西榆神工业区、苏里格天然气深度处理总厂等"碳源大户"为这项"绿色工程"提供了多样化的碳源。打造的CCUS项目是集节能降耗、光电、风电、地热、伴生气回收、碳汇林建设于一体的"绿色零碳"

新能源综合示范基地。目前，黄 3 区 CCUS 试验区累计注入液态 CO_2 量达到 $18.3 \times 10^4 t$，完成了总注入量的 34.2%，累计产油 $7.28 \times 10^4 t$，累计增油 $2.4 \times 10^4 t$（刘笑春等，2019；安祥燕等，2022）。

新疆油田为建设 CCUS 示范工程，持续完善双千万吨规划方案，优化源汇匹配，全力推进 CO_2 驱工业化试验、CO_2 管输系统建设。目前，制定了千万吨级 CCUS/CCS 远景规划，计划用 15 年时间实现盆地 $1000 \times 10^4 t/a$ 咸水层埋存及盆地 CO_2 管输环网建设的目标，构建准噶尔盆地清洁低碳安全高效的能源体系，破解产业转型升级和能源保障、经济发展与生态环境建设之间的矛盾，实现企业绿色发展愿景。截至 2022 年底，新疆油田已累计实施 1300 口井次 CO_2 注气，累计注入 CO_2 超 $45 \times 10^4 t$，增油超 $13 \times 10^4 t$（陆晓如，2023）。

大庆油田的首个 CCUS 示范工程为树 101 先导试验区，该区块由 CO_2 "捕集、驱油与埋存" 三部分组成，目前已建成国内最大的 CO_2 非混相驱现场试验区。此外，大庆油田计划 2025 年实现 CO_2 年注入能力达 $173 \times 10^4 t$、年产油能力达 $60 \times 10^4 t$、年埋存能力达 $143 \times 10^4 t$。榆树林 CO_2 驱油试验的成功，对实现大庆外围油田高效动用、持续稳产、股份公司 CCUS 全产业链研究与示范项目的顺利推进具有里程碑式的意义（蔡萌等，2023）。

吉林油田建成了国内首个全产业链、全流程 CCUS-EOR 示范项目，该项目是全球正在运行的 21 个大型 CCUS 项目中唯一一个位于中国的项目，在陆相低渗透油藏 CO_2 埋存与驱油方面总体达到国际领先水平，覆盖地质储量 $1183 \times 10^4 t$，年产油能力为 $10 \times 10^4 t$，年 CO_2 埋存能力为 $35 \times 10^4 t$，累计埋存 CO_2 达 $225 \times 10^4 t$。目前，吉林油田一期 "百万吨埋存级" CCUS+工业化应用项目正在有序推进。2025 年吉林石化到吉林油田 CO_2 长输管道投运后，预计 CO_2 年捕集和注入能力超过 $100 \times 10^4 t$（宋新民等，2023）。

在国家 "双碳" 目标有利政策的推动下，我国 CCUS-EOR 产业将进入快速规模化发展阶段。预计 2030 年中国 CCUS-EOR 产业年注入 CO_2 规模将达 $3000 \times 10^4 t$，年产油规模将达 $1000 \times 10^4 t$，同时可消纳 20 余个大型炼化企业的年排放量；预计 2050 年，驱油埋存和咸水层埋存将协同发展，年注入 CO_2 规模将达亿吨级，将对碳中和目标作出重大贡献，同时将形成数个千万吨级大型 CCUS 产业化基地和产业集群，相关经济规模将达万亿元级（袁士义等，2022）。

五、单一介质与双重介质驱油现状

致密油藏渗透率低、孔隙喉道细小、微裂缝发育、非均质性强、采收率较低。通过单一介质（孔隙）与双重介质（孔隙–裂缝）模型，模拟油藏驱替过程，动态表征驱替过程作用机制及定量评价不同渗吸方式对油藏整体驱油效率的影响程度，为实际应用提供理论基础。

（一）单一介质与双重介质驱油机理

单一介质指油藏的基质岩块所包含的原生粒间孔隙及次生粒间溶蚀孔隙（图1.21），基质岩块主要提供流体储存空间，裂缝的连通性好且裂缝尺寸大于孔隙，因此裂缝主要提供渗流通道，形成两个彼此联系又独立的水动力系统。

(a)原生粒间孔　　　　　　　　　　　　(b)粒间溶蚀孔

图1.21　砂岩储层孔隙结构铸体薄片（据彭谋等，2024）

双重介质模型可以将储层分为基质孔隙和裂缝两种类型（图1.22），多应用于天然裂缝性油藏。在双重介质模型中，实际复杂油藏被理想化为裂缝和基质两

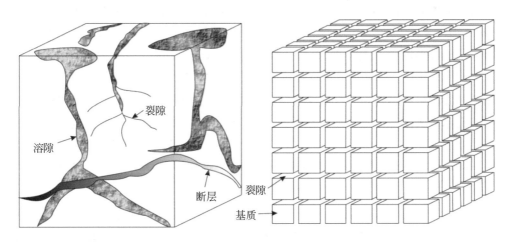

图1.22　孔隙–裂隙双重介质模型（据王艺霖，2023）

种不同的介质，每一个空间点上即存在裂缝场和基质场，二者之间的流动可通过串流系数来度量（梁利平，2014；郑欢，2021）。双重介质模型分为双孔单渗和双孔双渗模型，双孔单渗模型假设油气只能从裂缝系统采出，基质中的油气应在一定压差下流入裂缝系统；双孔双渗模型认为油气既可从裂缝采出，又可从基质采出。

(二) 单一介质与双重介质驱油技术现状

党海龙等（2020）依据单一孔隙介质和孔隙-裂缝双重介质岩心开展了低渗致密岩心不同驱替速度的自发渗吸实验。结果表明：低渗致密岩心驱油效率随驱替速度的增加呈现倒 "U" 形的曲线关系，表明驱油效率存在一个最优驱替速度，同时单一介质和双重介质岩心的小孔孔隙贡献度指数在自发渗吸中稳定增加，而大孔的孔隙贡献度指数则比较波动。在均质模型的理论基础上，Barenblatt等（1960）最早提出了孔隙-裂隙双重连续介质模型，该模型假定孔隙、裂隙在空间内分布均匀，在典型单元体内，孔隙与裂隙体积之比不变，孔隙介质体积比裂隙介质体积大，但裂隙的导流系数则比孔隙大，压力降低时，孔隙和裂隙之间的压差驱使孔隙中的流体向裂隙流动并最终采出。Warren 和 Root（1963）在Barenblatt 研究的基础上求解三组相互垂直、连续、均匀的裂隙所组成的裂隙网络，认为裂隙和岩块系统之间的渗流过程是稳定的，流体通过裂隙流入井底是不稳定流动，从而提出了双孔单渗模型［图 1.23 (a)］。Pruess 和 Narasimhan（1985）与 Gilman（1986）提出将基质块岩石划分为若干环形网络，基质块环形单元间的所有界面都平行于最近的裂缝，在多重作用的双孔单渗模型［图 1.23 (b)］中，相邻的基质块环形网格层间能发生流量和热量交换，只有位于基质块最外层的环形网格会与裂缝发生交换。Lee 和 Tan（1987）与 Gilman 和 Kazemi（1988）提出了在垂向上对基质岩体加密，将一个基质块分为若干基质块层细网格，基质块层细网格每一层定义相应的流体压力、饱和度等参数，细网格层会在横向上与裂缝发生流量交换，在垂向上与相邻层的基质细网格发生流量交换［图 1.23 (c)］。

Moench（1984）等在双重介质模型基础上将裂隙概化为平行板模型，裂隙和孔隙之间的水量交换通过裂隙和孔隙之间的表皮产生。无论是 Warren 和 Root 的双重介质双孔单渗模型，还是 Moench 的裂隙表皮模型，在考虑裂隙中的流动时均满足达西流动，当裂隙中流速变快、雷诺数增加、裂隙中的流动就开始逐渐偏离达西流动超过临界雷诺数时，再用达西定律来描述非达西流动会产生明显的

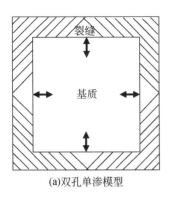 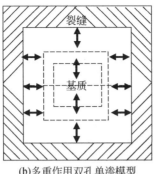 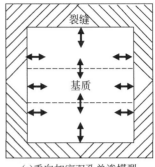

(a)双孔单渗模型　　　　(b)多重作用双孔单渗模型　　　(c)垂向加密双孔单渗模型

图 1.23　三种双孔单渗模型（据 Warren and Root，1963；Pruess and Narasimhan，1985；

Gilman，1986；Lee and Tan，1987；Gilman and Kazemi，1988）

误差。因此，Wu（2002）在沃伦（Warren）的双重介质模型的基础上引入福希海默（Forchheimer）方程来描述裂隙中的非达西流动，推导出了稳态条件下的流体降深公式。非达西公式中非线性项的存在，使得双重介质双孔单渗模型的计算存在局限性，双重孔隙结构下福希海默（Forchheimer）型非达西流体在瞬态流动条件下的渗流特性未来还有待研究。此外，将裂隙介质定义为裂隙网络连续体和岩石基质连续体是理想化的，因为其本质上不具非均质性或优先流动，一些现实的裂缝网络可能是异质性的，并可能有优先流动的方向。

此外，王欣然等（2022）针对裂缝潜山双重介质油藏高含水问题，开展氮气驱、气水交替驱、凝胶颗粒驱及表面活性剂驱等双重介质物理实验，进行不同提高采收率方法的驱油机理研究。肖尊荣等（2023）为克服微裂缝与基质间流体的交互影响，在考虑基质、复杂天然微裂缝和人工裂缝传质机理条件下建立致密油藏双重介质嵌入式离散裂缝模型，研究天然微裂缝、水平段长度、裂缝间距等因素对致密油藏产能影响规律。前者主要从单一介质双重介质模型、流体渗流特性、驱替介质等方面进行研究，未来可以考虑在重力浮力作用下，三维系统双重介质模型不同基质裂缝间的水油窜流相互影响机理，对于实际油藏，各种流体流动过程同时发生，相互影响。例如，同时考虑压力梯度和毛管力的作用时，基质块内的水油驱替会对毛管力渗吸产生影响，那么对应的窜流函数也会发生变化。

第二节　最小混相压力测试

CO_2进入致密砂岩油藏后与地层原油体系是否混相，会影响 CO_2 驱油效率和地质封存量。其中，体系压力是否达到最小混相压力，是评价 CO_2-原油体系相态的关键指标。目前，细管实验法是测定 CO_2-原油体系的最小混相压力的最佳方法，通过不同目数砂粒充填的细管模型，可以充分模拟油藏真实多孔介质渗流通道，还原 CO_2-原油体系的接触环境，测得真实可靠的最小混相压力值。

一、实验设备

细管模型设计必须满足三个条件：一是模型足够长，能够满足多次接触形成混相带和油带所需要的长度；二是控制注入气体的流动速度，以此来排除注入气的黏性指进以及重力分异对混相过程的影响；三是细管和砂粒的直径大小要能够满足注入气体通过横向分散作用抑制黏性指进的要求。根据上述设计原则，实验装置流程如图 1.24 ~ 图 1.26 所示。整套装置主要包括：高压高精度柱塞泵，工作压力范围为 0 ~ 70MPa，精度为 0.001mL；中间容器，工作压力为 0 ~ 60MPa；填砂管；回压调节器，工作压力为 0 ~ 70MPa；分离瓶，压差传感器，精度为 0.001MPa；恒温箱，最高温度为200℃；气体流量计，精度为1mL；160 ~ 200 目砂粒、回压阀等。

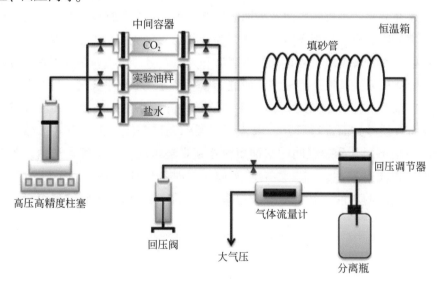

图 1.24　实验装置流程图

图 1.25 细管实验装置

图 1.26 高压细管模型

在进行细管模拟实验时，模型参数见表 1.1，应先在油藏温度和地层压力下用复配地层油饱和细管，实验复配原油取自鄂尔多斯盆地长 6 油藏，原油物性参数见表 1.2。实验用 CO_2 气体纯度 99.9%，由西安卫光气体有限公司提供。

表 1.1 细管模型参数表

细管参数	温度/℃	长度/m	外径/mm	内径/mm	渗透率/$10^{-3}\mu m^2$	孔隙度/%
数值	200	20	6	4	1825	34.19

表 1.2 复配原油物性参数（70℃，饱和压力 10.21MPa）

参数	天然气组分摩尔分数/mol%			饱和原油密度/（g/cm³）	饱和原油体积系数	溶解气油比/（m³/m³）
	甲烷	乙烷	丙烷			
复配原油	75	15	10	0.763	1.112	105.25

二、实验方法

根据石油天然气行业标准《最低混相压力实验测定方法-细管法》（SY/T 6573—2016）完成细管实验的测试工作。细管实验步骤为最简洁的表述为"洗-吹-抽-饱-驱-定"。"洗"指的是每次实验前对细管模型进行清洗，一般采用石油醚作为清洗剂，清洗工作完成的标志是入口端石油醚与出口端石油醚颜色和组分相同。接着利用高压氮气或压缩空气将清洗干净的细管模型吹干后，在实验所需的温度下进行烘干，并应用真空泵进行抽空操作（6h 以上）。对烘干后的细管模型进行孔隙度和渗透率测定，并求出细管模型的孔隙体积（PV）。接着将细管模型按照实验设计的地层温度和所选取的驱替压力下进行地层原油样品的饱和后待用。在实验压力下注入 CO_2 气体以稳定压力进行驱替，记录下不同注入气量下的原油采出程度，在不同的压力下进行多组驱替实验，最后将实验数据整理汇总，绘制采收率-注入量曲线。当注入气体积为 1.2PV 时，结束驱替过程。确定注入气与地层原油样品是否混相的判断标准为注入 1.2PV 时的采收率一般应不低于 90%，而且实验压力大于最小混相压力之后的原油采收率不应该有明显的增加。本次实验在长 6 油藏温度 70℃ 条件下，以 10MPa、14MPa、18MPa、22MPa 和 26MPa 的注入压力驱替饱和实验油样的细管，并算出每个压力点的最终驱油效率，绘制各次细管实验注入 1.2 倍孔隙体积时采收率与驱替压力的关系曲线图，非混相段与混相段的交点所对应的压力即定义为最小混相压力。

三、实验结果

从整体特征来看，随着 CO_2 注入量的增加，原油采收率呈单调上升趋势；当注入压力为 10MPa 时，原油采收率累计曲线前期增加速度较快，当注入量达到 0.8PV 时，采收率基本达到最大值；直至 CO_2 注入量到达 1.2PV，采收率上升幅度进一步减小，最终原油采收率为 64.5%。将注入压力设定为 14MPa，采收率随注入量的增加，上升幅度接近，最终达到 75.2%。当注入压力上升至 18MPa 时，原油采收率的上升幅度进一步增加，注入量从 0PV 到达 0.8PV，均为高速上升阶段，之后原油采收率趋于平稳，累计采收率为 87.3%。再次升高注入压力至 22MPa、26MPa，采收率曲线随注入量的上升形态相似，基本注入量为 1.0PV 左右接近最大值。综上所述，绘制采收率与 CO_2 注入压力关系曲线，其拐点对应的值为 19.4MPa。因此，确定原油与 CO_2 的最小混相压力为 19.4MPa，此压力下对应的原油采收率为 92.0%，基本接近最大采收率（图 1.27）。

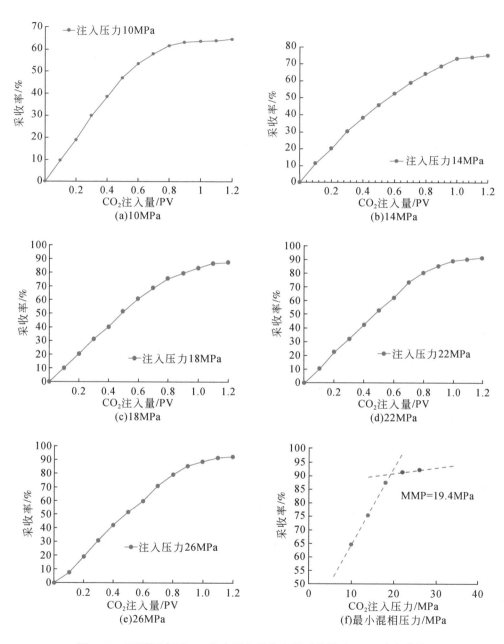

图 1.27 不同压力下 CO_2 注入量和采收率关系曲线及 MMP 确定曲线

第三节　高温高压可视化驱替系统

在高温高压真实岩心可视化驱替实验过程中，使用奥林巴斯 SZX7 高清显微镜进行观察，整个驱替实验系统包括动力系统、自动围压追踪系统、可视化模型系统、高清摄像系统、温度控制系统、回压系统以及中间容器等辅助装置。

一、实验设备

高温高压可视化驱替系统中动力系统为 2PB-1040IV 平流泵，最大泵压可达40MPa。在可视化驱替实验过程中，关键之处在于动态调节岩心夹持器内可视化薄片的围压值；特别在开展高压驱替实验时，更需要保证围压的精准追踪调节。自动围压追踪系统最大工作压力为 60MPa，压力调节精度可达 0.01MPa。可视化模型系统包括可视化模型和夹持器，承受温度可达到 100℃，承受压力可达到25MPa。高清摄像系统能在线记录驱替过程，实现 0.75 ~ 11.25 倍的拍摄需求，配套的软件能够对采集的图像进行处理，并计算得到驱油效率。温度控制系统的控制范围为 25 ~ 80℃。回压系统最大压力可达到 40MPa。整套高温高压真实岩心可视化驱替系统如图 1.28 所示。

图 1.28　高温高压真实岩心可视化驱替系统

二、高清显示系统及图像处理系统

高清录像数字处理系统包括显微镜、数码高清录像系统和计算机数字图像处理系统。所用显微镜为立式长焦距高倍显微镜，放大倍数可以达到微米级别，可以清晰观测到真实岩心微米级孔喉内可动流体在岩心中的流动规律，以及剩余油的微观赋存状态；数码高清录像系统可以在线监测整个驱替过程中可动流体在真实岩心内的流动，以观察岩心内多种驱替方式下驱替前后岩心内流体的运移规律；计算机数字图像处理系统可以将拍摄好的高清图像、录像文件进行数字化处理，计算拍摄区域内的驱替效率以及剩余油分布。

三、驱油效率计算方法

采用 ENVI 软件计算岩心可视化薄片驱油效率。将拍摄好的图片用 ENVI 软件打开，在 ENVI 软件中对图像进行预处理，增强图像识别特征；将图像分为残余油区域（红色）、CO_2 有效动用区域（绿色）、束缚水区域（蓝色）以及岩石颗粒（黄色）四部分；基于支持向量机分类方法，选取这三部分作为典型样本进行训练分类；依据分类结果，输出驱油面积百分比、剩余油面积百分比、束缚水百分比，即可实现定量计算驱油效率（图 1.29）。岩心可视化薄片驱油效率计算式如下：

$$驱油效率 = \frac{驱油面积百分比}{原始含油面积百分比_{油水状态条件}} \times 100\%$$

(a)原始可视化图片

(b)软件处理过程

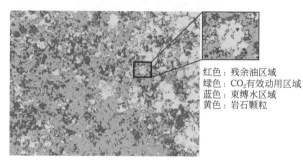

(c)处理后结果

红色：残余油区域
绿色：CO_2 有效动用区域
蓝色：束缚水区域
黄色：岩石颗粒

图 1.29 可视化薄片驱油效率数据处理

四、实验试剂制备

在可视化驱替实验中，需要对实验流体进行染色，从而在显微镜下实现对原油和地层水的有效区分。在实验中，配置的地层水矿化度为 25000mg/L，其中氯化钙、氯化钾和氯化钠的比例为 7：9：9，用甲基蓝（Methyl blue，$C_{37}H_{27}N_3Na_2O_9S_3$）对地层水进行染色，每 500mL 地层水放入 1g 的甲基蓝，染色后如图 1.30 所示。实验原油黏度为 7.391mPa·s，用油红（Oil Red O，$C_{26}H_{24}N_4O$）对原油进行染色，每 500mL 原油放入 1g 油红，染色后如图 1.31 所示。

图 1.30　甲基蓝染色后的地层水

图 1.31　油红染色后的原油

五、实验薄片模型

在高温高压真实岩心可视化驱替实验中，可视化薄片模型由石英载玻片和真实岩心薄片组成，将真实岩心黏贴在石英载玻片上，按实验需求磨制成长度为 30~60mm、宽度为 10~30mm、厚度为 0.1~0.8mm 的薄片模型。制备的可视化薄片如图 1.32 所示，饱和地层水后的可视化薄片如图 1.33 所示，饱和原油后的可视化薄片如图 1.34 所示，CO_2 驱替后的可视化薄片如图 1.35 所示。

图 1.32　可视化薄片

图 1.33　饱和地层水后的可视化薄片

图 1.34　饱和原油后的可视化薄片

图 1.35 CO_2驱替后的可视化薄片

第二章　单一介质 CO_2 驱油与封存特征

第一节　单一介质可视化实验设置

选取鄂尔多斯盆地长 6 致密砂岩油藏真实岩心样品,制备孔隙型单一介质模型,在不同的压力下对模型开展 CO_2 驱油与地质封存可视化物理模拟实验。注入压力为 4～20MPa,压力点跨越 CO_2 超临界点、CO_2-原油体系非混相相态和 CO_2-原油体系混相相态,完整观察在孔隙型单一介质模型中,CO_2 辅助动用原油及地质封存阶段的渗流路径、剩余油分布及地质封存特征,重点聚焦 CO_2 流体在超临界点和最小混相压力处的相态变化、渗流路径和驱油效率特征,明确在致密砂岩油藏孔隙型单一多孔介质(无裂缝)中的驱油与地质封存规律。

一、实验材料及设备

本实验原油样品取自鄂尔多斯盆地长 6 油藏,与取样岩心为同层同井;选取长 6 致密砂岩油藏天然岩心制作可视化薄片,尺寸为长 50mm×宽 25mm×厚 0.5mm;实验用 CO_2 气体纯度为 99.9%。实验设备选用高温高压可视化物理流动模拟系统,温度设定为 60℃,注入压力设定为 4～20MPa。

二、实验方法

利用高温高压可视化物理流动模拟系统,通过回压控制注入压力,使压力点跨越超临界、非混相、混相等相态界限,开展不同相态模式下 CO_2 微观驱油及地质封存可视化模拟实验。通过尼康 SMZ1500 高清显微镜、微量泵和高清录像系统对不同压力驱油过程中 CO_2-原油体系在孔隙介质中的相态特征动态变化进行详细记录,重点观测 CO_2 流体在超临界点和最小混相压力处的相态变化、渗流路径和驱油效率。

三、实验流程

(1)对选取的天然岩心样品进行分类筛选,苯和乙醇按照 3：1 的比例对岩心进行深度洗油操作，清洗完成后将岩心置于恒温箱内进行烘干 24h；

（2）对岩心样品进行物性参数测试，测试完成后进行切割打磨，制作长 50mm×宽 25mm×厚 0.5mm 的可视化薄片模型，并对薄片进行编号；

（3）配置模拟地层水（矿化度为 25000mg/L），将薄片模型放入可视化物理流动模拟系统中进行驱替饱和，驱替压力为 3MPa，用环压追踪泵设置围压为 3.5MPa，当注入压力达到 5PV 时停止饱和，建立可视化薄片的原始地层水分布；

（4）将油样以 0.05mL/min 的速度注入薄片模型，驱替地层水，直至出口产出液的含油量为 100%，完成薄片模型原始地层油水分布构建；

（5）温度恒定 60℃，设置 CO_2 注入压力分别为 4MPa、8MPa、12MPa、16MPa 和 20MPa 五个压力点，进行 CO_2 驱油与地质封存流动模拟，通过显微镜对可视化薄片模型进行实时图像采集；

（6）以 20MPa 为初始压力，将注入压力逐步降低至 16MPa、12MPa、8MPa、4MPa 和 0.1MPa，模拟 CO_2 弹性膨胀驱油过程，通过显微镜对可视化薄片模型进行实时图像采集；

（7）在出口端停止出油时结束实验，将实验过程中记录驱替时间、驱替速度、注入气量、进出口压力等数值准确记录分析，对不同压力下 CO_2 流体在超临界点和最小混相压力处的相态变化、渗流路径和驱油效率进行定量表征。

四、油水分布模型构建

（一）原始地层水分布

在饱和地层水的阶段，以 3MPa 的最大压力向薄片模型中持续注入模拟地层水，系统围压设置为 3.5MPa（高于驱替压力 0.5MPa），流速设置为 0.05mL/min。模拟地层水矿化度为 25000mg/L，并用甲基蓝（Methyl blue，$C_{37}H_{27}N_3Na_2O_9S_3$）对其进行染色，以便镜下有效区分油和水。以可视化薄片 1-1 号样品为例，图 2.1～图 2.4 是整个饱和地层水的实验过程，注采参数如表 2.1 所示。

表 2.1　饱和水注采参数

可视化薄片编号	渗透率 /$10^{-3}\mu m^2$	注入压力 /MPa	注入体积 /PV	饱和时间/h	注入速度 /（mL/min）	围压/MPa
1-1	0.2513	3	5	40	0.05	3.5
1-2	0.1578	3	5	45	0.05	3.5

续表

可视化薄片编号	渗透率/$10^{-3}\mu m^2$	注入压力/MPa	注入体积/PV	饱和时间/h	注入速度/(mL/min)	围压/MPa
1-3	0.0985	3	5	51	0.05	3.5
1-4	0.2847	3	5	40	0.05	3.5
1-5	0.1935	3	5	43	0.05	3.5

使用尼康SMZ1500高清显微镜对注入模拟地层水的过程进行图像实时采集，注入原始地层水后观察到可视化薄片整体颜色变蓝。图2.1为饱和水前期薄片模型影像，从图中可以看出地层水先沿着渗流阻力较小的通道流动，呈线状向前突进，此时注入水在可视化薄片上的颜色整体较浅。饱和水中期（图2.2），注入水在沿高渗通道进入的同时向周边发生扩散，注入水波及范围逐渐增大，高渗通

图2.1　饱和水前期（3MPa，2倍，5h）

图2.2　饱和水中期（3MPa，2倍，20h）

道颜色逐渐加深。进入饱和水后期（图2.3），注入水波及范围达到最大，在可视化薄片上看到整个视域范围内颜色整体变蓝，同时呈现中间颜色深两边颜色浅的现象。饱和水末期（图2.4），视域范围内颜色差异逐渐缩小，深蓝色面积显著增大，表明此时可视化薄片的饱和程度达到较高水平。

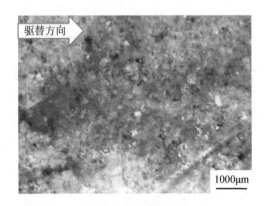

图2.3　饱和水后期（3MPa，2倍，30h）

图2.4　饱和水末期（3MPa，2倍，40h）

对可视化薄片样品局部放大2~11.25倍开展观察，从图2.5~图2.8可以看出，可视化薄片上整体颜色分布不均，蓝色深浅区分明显，孔喉尺度相对较大的区域地层水优先达到，饱和程度较高；孔喉尺度相对较小的区域饱和程度较低，地层水从高渗通道向外扩散，缓慢波及。同时，也存在部分死孔隙或者渗流能力差的孔隙喉道，此类通道地层水无法进入，整体颜色较浅。综上所述，在饱和原始模拟地层水过程中，地层水先从较大孔隙喉道通过，进而逐步波及边缘的小孔隙喉道，最终建立薄片模型的原始地层水分布。

图2.5　饱和地层水局部区域放大2倍

图2.6　饱和地层水局部区域放大4倍

图2.7　饱和地层水局部区域放大8倍

图 2.8　饱和地层水局部区域放大 11.25 倍

（二）原始油水分布

在建立原始油水分布过程中，主要以 4MPa 的最大驱替压力向薄片模型中持续注入原油，系统围压设置为 4.5MPa（高于驱替压力 0.5MPa），流速设置为 0.05mL/min。原油黏度为 7.39mPa·s，用油红（Oil Red O，$C_{26}H_{24}N_4O$）对原油进行染色，以便与地层水有效区分，饱和油注采参数见表 2.2。

表 2.2　饱和原油注采参数

可视化薄片编号	渗透率/$10^{-3}\mu m^2$	注入压力/MPa	注入体积/PV	饱和时间/h	注入速度/（mL/min）	围压/MPa
1-1	0.2513	4	5	40	0.05	4.5
1-2	0.1578	4	5	45	0.05	4.5
1-3	0.0985	4	5	51	0.05	4.5
1-4	0.2847	4	5	40	0.05	4.5
1-5	0.1935	4	5	43	0.05	4.5

以可视化薄片 1-1 号样品为例，图 2.9～图 2.12 为饱和原油整个实验过程的影像图。饱和阶段，原油先沿着渗流能力好的较大孔隙喉道进入模型，呈现典型的线状突进形式，此时可视化薄片整体颜色还是以蓝色为主。饱和阶段中期，原油在沿大孔隙喉道进入的同时，逐步向周边较小孔隙喉道扩散，原油波及范围增大，可视化薄片上红色面积逐渐增加。持续注入后，原油的波及范围达到最大，在可视化薄片上表现为从最初的主通道波及最后的大范围波及。饱和原油完成

时，渗流能力不同的通道之间颜色差异逐渐缩小，但仍旧表现出中间红色深，两边红色浅的现象。

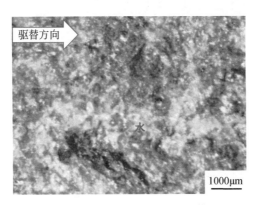

图 2.9　饱和原油前期（3MPa，2 倍，5h）

图 2.10　饱和原油中期（3MPa，2 倍，20h）

图 2.11　饱和原油后期（3MPa，2 倍，30h）

图 2.12　饱和原油末期（3MPa，2 倍，40h）

　　对可视化薄片样品局部放大 2～11.25 倍开展观察，从图 2.13～图 2.16 可以看出，可视化薄片上整体颜色分布较均匀，视域范围内整体呈现红色，饱和程度较高；孔喉尺度较小的区域原油驱动地层水难度大，颜色较浅。与饱和水阶段类似，也存在部分死孔隙或者渗流能力差的孔隙喉道，原油无法进入而整体颜色较浅。

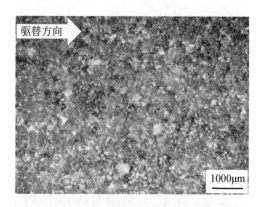

图 2.13　饱和原油局部放大图（2 倍）

　　综上所述，该过程还原了成藏阶段原油运移储集过程，构建了原始油水分布状态下的可视化薄片模型，使得后期开展的孔隙型储层单一介质 CO_2 驱油及地质封存模拟，更符合真实致密砂岩油藏的实际特征。

图 2.14 饱和原油局部放大图 (4 倍)

图 2.15 饱和原油局部放大图 (8 倍)

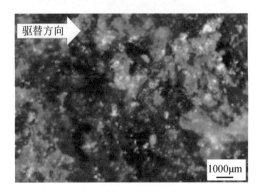

图 2.16 饱和原油局部放大图 (11.25 倍)

第二节　CO₂驱油与封存微观特征

一、气相 CO₂ 驱油与封存特征

在最大注入压力为 4MPa 条件下，对可视化薄片模型开展 CO_2 驱油物理流动模拟实验，聚焦纯气态 CO_2 在孔隙型单一介质模型中辅助动用原油以及地质封存阶段的渗流路径、剩余油分布和地质封存特征。该实验过程中，围压设定为 4.5MPa，流速为 0.05mL/min，回压设定为 3MPa，选取 1-1 号可视化薄片模型开展实验，1-1 号样品实验参数见表 2.3。

表 2.3　1–1 号样品 4MPa 压力实验参数表

模型编号	渗透率/mD	注入压力/MPa	注入体积/PV	驱替时间/h	注入速度/(mL/min)	围压/MPa
1-1	0.2513	4	4	40	0.05	4.5

图 2.17 ~ 图 2.20 为可视化薄片模型 1-1 号样品在 CO_2 驱替阶段的可视化影像，持续观察并记录驱替前期（10h）、驱替中期（20h）、驱替后期（30h）和驱替完成（40h）的时刻影像。视域中的颜色偏浅色区域即为 CO_2 驱替原油的主要路径，浅色区域面积占比越大，表明 CO_2 辅助动用原油的效果越好。

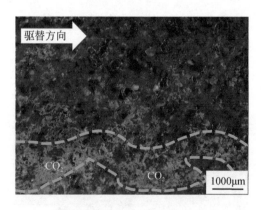

图 2.17　CO_2 驱替前期（4MPa，2 倍，10h）驱油效率 13%

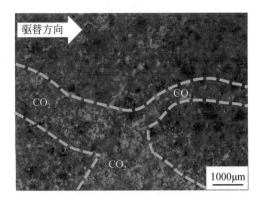

图 2.18 CO₂ 驱替中期（4MPa，2 倍，20h）驱油效率 21%

图 2.19 CO₂ 驱替后期（4MPa，2 倍，30h）驱油效率 25%

图 2.20 CO₂ 驱替完成（4MPa，2 倍，40h）驱油效率 32%

图 2.17 中颜色较深的红色区域为剩余油分布区，从驱替前期到驱替完成可以看出，初始阶段模型中只有大通道内的原油被 CO_2 驱动，随着驱替时间的不断延长，驱油面积也在持续扩大，最终如图 2.20 所示形成了多个 CO_2 驱油通道，直到可视化薄片模型中的颜色面积不再发生变化。如图 2.17 所示，驱替前期（10h）仅产生一条 CO_2 驱油渗流通道（浅红色区域），通道形态连续分布，此时驱油效率仅有 13%；在图 2.18 中，浅色区域面积逐步扩大，CO_2 波及面积逐步增加，此时的驱油效率为 21%；在图 2.19 中，驱替效果从左上部至右下部逐渐增强，上部可见深红色的剩余油富集区，而右下部 CO_2 驱油效果显著，红色进一步变浅，驱油效率增至 25%；图 2.20 为驱替完成（40h）影像，CO_2 波及范围已达到最大值，图中大部分区域红色变浅，驱替效果显著，驱油效率达 32%。

综合分析，随着注入量增加，CO_2 波及范围显著增大，驱油效果进一步增强。

对可视化薄片 1-1 号样品局部放大 2~11.25 倍进行观察，发现图 2.21~图 2.24 中白色区域分布从左至右逐渐减少，图中左侧黄色曲线为 CO_2 驱替前缘，其形状呈弓形分布，且下部较为靠前。驱替前缘左侧被 CO_2 驱替后红色明显变浅，驱替前缘带上的红色明显加深，整个驱替前缘呈现不规则状表明模型孔喉分布较为复杂，驱替过程中原油优先沿着大孔流动。此外，纵观整个薄片发现各部位颜色深浅存在差异，即反映出剩余油分布位置的不均匀性，其中颜色较浅部分表明 CO_2 驱替效果好，而颜色较深的位置则是剩余油的主要富集区，CO_2 驱替效果较差。

图 2.21　CO_2 驱替局部放大图（4MPa，2 倍）

在最大注入压力为 4MPa 时的气相 CO_2 驱阶段，通过对可视化薄片模型 CO_2 驱油渗流路径和剩余油分布规律评价，可明确该压力系统下的 CO_2 的微观地质封

图 2.22　CO_2 驱替局部放大图（4MPa，4 倍）

图 2.23　CO_2 驱替局部放大图（4MPa，8 倍）

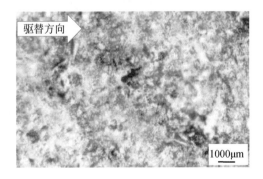

图 2.24　CO_2 驱替局部放大图（4MPa，11.25 倍）

存特征。综合分析可知，4MPa 气相 CO_2 驱波及形态主要沿着高渗通道呈现狭窄的条带状分布模式，在驱替初期（10h）到驱替完成（40h）过程中，微观渗流通道由狭窄的单一通道逐步转变为树枝状复杂渗流通道。因此，一部分 CO_2 会随着原油流动至井筒并被采出散逸；另外一部分 CO_2 会在驱替形成的渗流通道内物理封存，微观地质封存空间主要为单一及树枝状微、纳米孔喉通道。

二、超临界 CO_2 驱油与封存特征

当 CO_2 体系温度超过 31.1℃，压力大于 7.38MPa 时，CO_2 进入超临界状态，其性质会发生显著变化，其密度近于液体，黏度接近于气体，扩散系数增大，在原油中具有很强的溶解能力，具有降低原油界面张力和黏度、增大原油体积、萃取原油轻质组分的能力。因此，由纯气相转变为超临界状态，会对 CO_2 在孔隙型单一介质模型中辅助动用原油以及地质封存阶段的渗流路径、剩余油分布和地质封存特征产生显著影响，本章旨在通过高温高压可视化薄片模型评价超临界 CO_2 驱油以及地质封存特征。

最大注入压力设置为 8MPa（大于 7.38MPa），实验温度控制在 60℃，使 CO_2 达到超临界状态，此时对可视化薄片模型开展 CO_2 驱油物理流动模拟实验，评价超临界 CO_2 在孔隙型单一介质模型中驱油及地质封存特征。该实验过程中，围压设定为 8.5MPa，流速为 0.05mL/min，回压设定为 7.2MPa，选取 1-2 号可视化薄片模型开展实验，驱替参数设置见表 2.4。

表 2.4 1-2 号样品 8MPa 压力 CO_2 驱替参数

模型编号	渗透率/mD	注入压力/MPa	注入体积/PV	驱替时间/h	注入速度/（mL/min）	围压/MPa
1-2	0.1578	8	4	45	0.05	8.5

图 2.25 ~ 图 2.28 为可视化薄片模型 1-2 号样品在 8MPa 注入压力下的 CO_2 驱替阶段的可视化影像。综合分析该组实验发现，在 8MPa 驱替压力下的原油动用程度显著高于 4MPa 实验组，即相较于气相状态驱替阶段，超临界阶段驱油效率更高。在驱替过程中，达到超临界状态的 CO_2 气体渗流范围更加均匀，波及范围更大。从可视化薄片影像观察到，该组实验中红色原油部分变化明显，在驱替前期（10h）薄片模型中深红色区域相对分布较广；随着驱替的进行，影像中深红色区域颜色逐渐变浅，面积逐步缩小。驱油效率从驱替前期（10h）的 51% 增加

至驱替完成（40h）的 65%，可视化模型中的原油被有效置换驱替，驱油效率显著提升。

图 2.25　CO_2 驱替前期（8MPa，2 倍，10h）驱油效率 51%

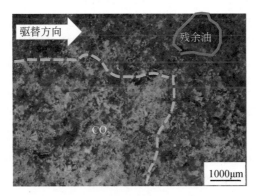

图 2.26　CO_2 驱替中期（8MPa，2 倍，25h）驱油效率 55%

图 2.27　CO_2 驱替后期（8MPa，2 倍，35h）驱油效率 58%

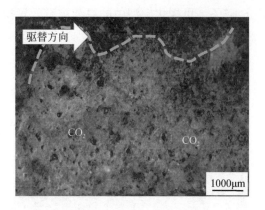

图 2.28　CO$_2$驱替完成（8MPa，2 倍，45h）驱油效率 65%

　　从图 2.25～图 2.28 可以看出，在整个驱替过程中，橙色曲线圈定的范围内为超临界 CO$_2$波及区域，而深红色曲线圈定的位置为剩余油。随着驱替时间的增加，原油的面积不断地减少，从驱替前期的深红色到驱替末期的浅红，可以观察到剩余油含量也在不断地减少。在图 2.25 中，可视化薄片图像整体颜色以深红色为主，浅红色部分主要分布在孔喉尺度较大的区域，这部分区域的整体驱油效果好，驱替效率高。在图 2.26 中，驱替中期（20h）可视化薄片影像整体颜色以浅红色为主，夹杂部分剩余油富集的深红色区域。此时 CO$_2$驱油效率较驱替前期（10h）进一步提升，综合驱油效率达 55%。在图 2.27 中，驱替效果从左至右形成驱替条带，边缘可见深红色的剩余油富集区，整体 CO$_2$驱油效果显著，红色进一步变浅，驱油效率增至 58%。图 2.28 为驱替完成（40h）影像，CO$_2$波及范围已达到最大值，图中整体呈现浅红色，仅上部存在部分剩余油，驱油效率达到 65%。

　　对可视化薄片 1-2 号样品局部放大 2～11.25 倍进行观察，图 2.29、图 2.30为局部区域放大 2 倍、4 倍的图像，图像整体颜色以浅红色为主，中间夹杂着浅色和深红色部分。深红色部分主要分布在图像下部的一小部分和图中圈出区域，说明该部分小孔道分布集中，剩余油聚集程度较高。剩余部分以浅红色为主，表明该区域原油被 CO$_2$有效驱替。图 2.31、图 2.32 为局部区域放大 8 倍、11.25 倍的图像，图像整体颜色以浅红色为主，深红色集中分布在图中右下部分，向四周颜色逐渐变浅，该区域孔喉较小、连通性较差，CO$_2$在此处的驱油效率较低，剩余油相对富集。图像中其他部分主要分布较大孔隙喉道 CO$_2$驱替效果较好。11.25 倍放大图像可清晰观察到剩余油富集区域形态特征，此处以土豆状形式分布剩余油富集区，颜色呈深红–半深红色特点，此类区域主要发育次生溶蚀类孔隙，孔隙喉道发育程度整体较低。

图 2.29 CO₂ 驱替局部放大图（8MPa，2 倍）

图 2.30 CO₂ 驱替局部放大图（8MPa，4 倍）

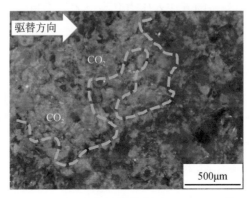

图 2.31 CO₂ 驱替局部放大图（8MPa，8 倍）

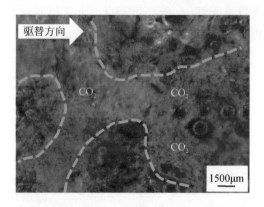

图 2.32　CO_2 驱替局部放大图（8MPa，11.25 倍）

超临界 CO_2 驱阶段，通过可视化薄片模型 CO_2 驱油渗流路径和剩余油分布规律进一步揭示 CO_2 的微观地质封存特征发现，超临界 CO_2 驱波及形态与 4MPa 的气相 CO_2 驱存在明显差异，其驱油渗流路径由较狭窄的条带状分布变为宽条带及区域分布形态。从驱替初期（10h）到驱替完成（40h）过程中来看，达到超临界状态的 CO_2 气体渗流范围更加均匀，波及范围更大，微观驱替通道范围及尺度进一步增加。因此，在该阶段 CO_2 主要在驱替形成的宽条带及块状渗流区域内物理封存，微观地质封存空间较气相 CO_2 驱阶段面积更大。

三、CO_2 非混相驱油与封存特征

在前期气相和超临界状态实验基础上，进一步增加 CO_2 注入压力，使其膨胀原油体积、降低原油黏度、萃取轻质组分等优势作用充分发挥。通常，当 CO_2 注入压力比最小混相压力低 1MPa 以上，称为非混相驱油，该阶段原油采收率与 CO_2 的注入压力呈正相关，随着注入压力升高，采收率持续上升。

（一）12MPa 微观可视化驱油与封存

最大注入压力设置为 12MPa，实验温度控制在 60℃，继续开展 CO_2 非混相驱替实验，评价压力提升后 CO_2 在孔隙型单一介质模型中驱油及地质封存特征。在该实验过程中，围压设定为 12.5MPa，流速为 0.05mL/min，回压设定为 11MPa，选取 1-3 号可视化薄片模型开展实验，实验参数设置见表 2.5。

表 2.5　1–3 号样品 12MPa 压力实验参数表

模型编号	渗透率/mD	注入压力/MPa	注入体积/PV	驱替时间/h	注入速度/（mL/min）	围压/MPa
1-3	0.0985	12	4	40	0.05	12.5

图 2.33 ~ 图 2.36 为可视化薄片模型 1–3 号样品 12MPa 注入压力下的 CO_2 驱替阶段的可视化影像。综合分析该组实验发现，在 12MPa 驱替压力下的原油动用程度显著高于 8MPa 实验组，即相较于超临界 8MPa 驱替阶段，在非混相阶段持续增压至 12MPa，驱油效率进一步提高。可视化影像显示 CO_2 气体渗流范围更加均匀，波及范围更大，红色原油部分变化显著。在驱替前期、中期（10 ~ 20h）薄片模型中，深红色区域相对分布较广；随着驱替的进行，影像中深红色区域颜色逐渐变浅，面积逐步缩小。驱替完成（40h）驱油效率相较于驱替前期（10h）驱油效率提升了 24%，可视化模型中的原油被有效置换驱替，驱油效率显著提升。

图 2.33　CO_2 驱替前期（12MPa，2 倍，10h）驱油效率 45%

图 2.34　CO_2 驱替中期（12MPa，2 倍，20h）驱油效率 51%

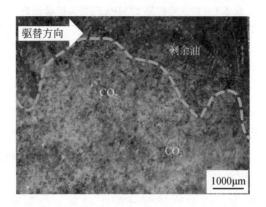

图 2.35　CO_2 驱替后期（12MPa，2 倍，34h）驱油效率 53%

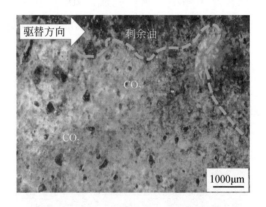

图 2.36　CO_2 驱替完成（12MPa，2 倍，40h）驱油效率 69%

从图 2.33~图 2.36 可以看出，整个驱替过程中橙色曲线圈定的范围为 CO_2 波及区域，而深红色位置为剩余油。随着驱替时间的增加，原油的面积不断地减少，从驱替前期的深红色到驱替末期的浅红色，可以观察到剩余油含量持续降低。在图 2.33 中，可视化薄片图像整体颜色以深红色为主，浅红色部分主要分布在孔喉尺度较大的区域，这部分区域的整体驱油效果好，驱替效率高。在图 2.34 中，驱替中期（20h）可视化薄片影像浅红色区域增加，夹杂部分剩余油富集的深红色区域。此时 CO_2 驱油效率较驱替前期（10h）进一步提升，综合驱油效率达 51%。在图 2.35 中，驱替效果从左至右形成驱替条带，边缘可见深红色的剩余油富集区，整体 CO_2 驱油效果显著，红色进一步变浅，驱油效率增至 53%。图 2.36 为驱替完成（40h）影像，CO_2 波及范围已达到最大值，图中整体呈现浅红色，仅上部存在部分剩余油，驱油效率达到 69%。

　　对可视化薄片 1-3 号样品局部放大 2 ~ 11.25 倍进行观察，图 2.37、图 2.38 为局部区域放大 2 倍、4 倍的影像，影像浅红色和深红色占比各半，中间夹杂着浅色和深红色部分。深红色部分主要分布在图像下部的一小部分和图中上部区域，说明该部分小孔道分布集中，剩余油聚集程度较高，其余部分以浅红色为主，表明该区域原油被 CO_2 有效驱替。图 2.39、图 2.40 为局部区域放大 8 倍、11.25 倍的影像，影像中下部以浅红色为主，深红色集中分布在图中右上部分，向四周颜色逐渐变浅，该区域孔喉较小、连通性较差，CO_2 在此处的驱油效率较低，剩余油相对富集。影像中其他部分主要分布较大孔隙喉道 CO_2 驱替效果较好。11.25 倍放大影像可清晰观察到剩余油富集区域形态特征，此处以树枝状形式分布剩余油富集区，颜色呈深褐–深红色特点，此类区域主要发育次生溶蚀类孔隙，孔隙喉道发育程度整体较低。

图 2.37　CO_2 驱替局部放大图（12MPa，2 倍）

图 2.38　CO_2 驱替局部放大图（12MPa，4 倍）

图 2.39　CO_2 驱替局部放大图（12MPa，8 倍）

图 2.40　CO_2 驱替局部放大图（12MPa，11.25 倍）

（二）16MPa 微观可视化驱油与封存

该实验组设置最大注入压力为 16MPa，该压力点是非混相驱阶段的最高压力点，通过实验可进一步评价 CO_2 在非混相驱阶段的最大原油动用程度。设定围压为 16.5MPa，流速为 0.05mL/min，选取 1-4 号样品进行 CO_2 驱替实验进行 CO_2 驱替，实验参数见表 2.6。

表 2.6　1-4 号样品 16MPa 压力实验参数表

模型编号	渗透率 /mD	注入压力/MPa	注入体积 /PV	驱替时间/h	注入速度 /（mL/min）	围压/MPa
1-4	0.2847	16	4	40	0.05	16.5

图 2.41 ~ 图 2.44 为可视化薄片模型驱替前期（10h）、驱替中期（20h）、驱替后期（30h）和驱替完成（40h）的时刻影像，从图中可以看出，整个驱替过程中蓝色曲线圈定的范围较 12MPa 注入压力下的 CO_2 波及区域更大，从驱替前期的深红色到驱替末期的浅红，剩余油含量在不断减少，从左下至右上图像整体颜色由浅色-浅红色-深红色过渡。在图 2.41 中，可视化薄片影像深红色主要分布在中下部，浅红色部分主要分布在孔喉尺度较大的区域，这部分区域的整体驱油效果好，驱替效率高。在图 2.42 中，驱替中期（20h）可视化薄片影像浅红色区域扩大，夹杂部分剩余油富集的深红色区域，此时 CO_2 驱油效率较驱替前期（10h）进一步提升，综合驱油效率达 59%。在图 2.43 中，驱替效果从左至右形成驱替条带，中下部可见深红色的剩余油富集区，整体 CO_2 驱油效果显著，红色进一步变浅，驱油效率增至 60%。图 2.44 为驱替完成（40h）影像，CO_2 波及范围已达到最大值，图中整体呈现浅红色，右上部存在部分剩余油，驱油效率达到 71%。

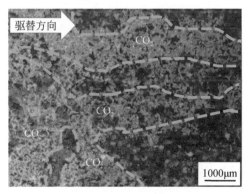

图 2.41 CO_2 驱替前期（16MPa，2 倍，10h）驱油效率 53%

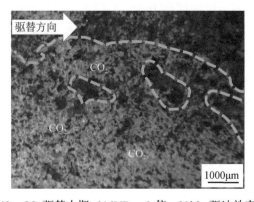

图 2.42 CO_2 驱替中期（16MPa，2 倍，20h）驱油效率 59%

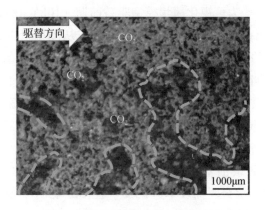

图 2.43　CO_2 驱替后期（16MPa，2倍，30h）驱油效率 60%

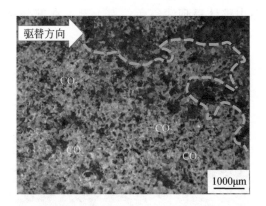

图 2.44　CO_2 驱替完成（16MPa，2倍，40h）驱油效率 71%

　　对可视化薄片 1-4 号样品局部放大 2 ~ 11.25 倍进行观察，图 2.45 为放大 2 倍的影像，影像整体颜色以深红色为主，中间夹杂着浅色和深红色部分，说明该部分小孔道分布集中，剩余油聚集程度较高。图 2.46 为局部区域放大 4 倍的图像，图像浅红色区域扩大延伸，深红色集中分布在图中左上部分。图 2.47 为局部区域放大 8 倍的图像，图像整体颜色以浅红色为主，中间左侧夹杂着浅色和深红色部分，向四周颜色逐渐变浅，图像中右部分主要分布较大孔隙喉道 CO_2 驱替效果较好。图 2.48 为局部区域放大 11.25 倍的影像，可清晰观察到剩余油富集区域形态特征，此处以土豆状形式分布剩余油富集区，颜色呈深红色-半深红色特点，此类区域主要发育次生溶蚀类孔隙，孔隙喉道发育程度整体较低，剩余油富集。

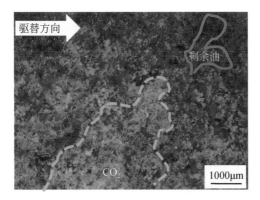

图 2.45　CO_2驱替局部放大图（16MPa，2 倍）

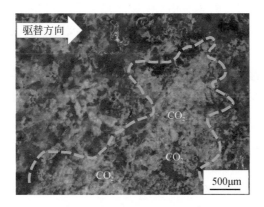

图 2.46　CO_2驱替局部放大图（16MPa，4 倍）

图 2.47　CO_2驱替局部放大图（16MPa，8 倍）

图 2.48　CO$_2$ 驱替局部放大图（16MPa，11.25 倍）

在持续增加注入压力的非混相 CO$_2$ 驱阶段，通过可视化薄片模型发现，随着压力的增加，CO$_2$ 驱油渗流路径及波及范围呈连片状分布，剩余油分布范围比超临界与气相 CO$_2$ 驱显著降低。从驱替初期（10h）到驱替末期（40h）过程中来看，随着注入压力的增加，CO$_2$ 微观驱替通道逐步呈宽条带状–块状–连片状分布，波及范围进一步增加。因此，在该阶段 CO$_2$ 微观封存范围显著扩大，微观地质封存空间呈连片状分布，CO$_2$ 封存量可实现提升。

四、CO$_2$ 混相驱油与封存特征

当 CO$_2$ 注入压力大于最小混相压力时，CO$_2$ 与原油形成混相，此时 CO$_2$ 不仅可以降低原油黏度、萃取轻质组分、补充地层弹性能量，还可形成特殊的混相带，增强 CO$_2$–原油体系流动能力，有效提高 CO$_2$ 波及体积和驱油效率。随着注入压力持续升高，采收率整体呈上升趋势，达到混相驱后采收率基本达到极限。通过高温高压可视化薄片模型，评价混相阶段 CO$_2$ 驱油以及地质封存特征。微观可视化 CO$_2$ 驱替过程的注入压力是 20MPa，该压力大于最小混相压力（19.4MPa），同时利用手摇泵加载围压为 20.5MPa，设置流速为 0.05mL/min，选取 1-5 号样品进行 CO$_2$ 驱替实验，实验参数见表 2.7。

表 2.7　1-5 号样品 20MPa 压力实验参数表

模型编号	渗透率/mD	注入压力/MPa	注入体积/PV	驱替时间/h	注入速度/（mL/min）	围压/MPa
1-5	0.1935	20	4	40	0.05	20.5

图2.49~图2.52为薄片模型1-5号样品20MPa注入压力下CO₂驱替原油的可视化影像，依次为驱替前期（10h）、驱替中期（20h）、驱替后期（30h）以及驱替完成（40h）时刻采集；对比观察，发现各个位置的红色区域和浅色区域相较于16MPa压力驱替更为显著，当进口压力达到20MPa时，CO₂和原油已达到了混相，此时驱油效率达到最大。综合分析认为，可视化薄片影像整体颜色以浅色为主，夹杂少许浅红色和深红色。浅色部分主要分布在图像的中下部，从上至下图像整体颜色由浅红色向深红色过渡，表明孔隙尺度分布由小到大。CO₂主要从浅色区域内的大孔道高效动用原油，其他部位CO₂通过量相对较少，剩余油相对富集，造成了明显的颜色差异。驱替完成（40h）驱油效率相较于驱替前期（10h）驱油效率提升了24%，相较于16MPa非混相阶段，整体驱油效率提升了11%。

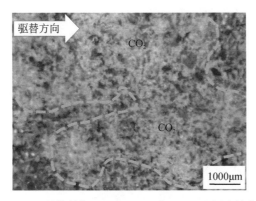

图2.49 CO₂驱替前期（20MPa，2倍，10h）驱油效率58%

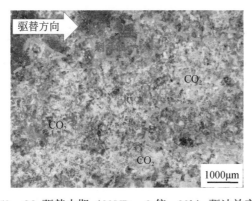

图2.50 CO₂驱替中期（20MPa，2倍，20h）驱油效率67%

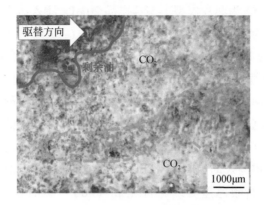

图 2.51　CO_2 驱替后期（20MPa，2 倍，30h）驱油效率 72%

图 2.52　CO_2 驱替完成（20MPa，2 倍，40h）驱油效率 82%

在图 2.49 中，可视化薄片影像整体颜色以深红色为主，浅红色部分主要分布在孔喉尺度较大的区域，这部分区域的整体驱油效果较好。在图 2.50 中，驱替中期（20h）可视化薄片影像浅红色区域增加，夹杂部分剩余油富集的深红色区域。此时 CO_2 驱油效率较驱替前期（10h）进一步提升，综合驱油效率达67%。在图 2.51 中，从左至右形成显著驱替条带，左上边缘可见深红色的剩余油富集区，整体 CO_2 驱油效果显著，红色进一步变浅，驱油效率增至 72%。图2.52 为驱替完成（40h）可视化薄片影像，CO_2 波及范围已达到最大值，图中整体呈现浅红色，仅上部存在少许剩余油，驱油效率达到 82%。

对可视化薄片 1-5 号样品进行观察，在图 2.53 中，颜色分布以浅色为主，深红色部分主要集中在图像的右上部，从左上至右下红色逐渐变浅，表明右上部小孔道分布集中。图 2.54 和图 2.55 上部以浅色为主，中间夹杂着浅红色和深红色部分，深红色部分主要分布在图像左下部的小部分区域，说明该部分小孔道分布集中。图 2.56 为局部区域放大 11.25 倍的图像，图像整体颜色以浅红色为主，部分深红色区域剩余油残留，显示的颜色和周围区域相比较深，此类区域主要发育次生溶蚀类孔隙，孔隙喉道发育程度整体较低。与非混相阶段对比发现，混相驱阶段可视化影像上整体呈现浅红色，CO_2 波及范围较大，波及均匀程度较高，CO_2 波及体积和驱油效率显著高于非混相阶段。

图 2.53　CO_2 驱替局部放大图（20MPa，2 倍）

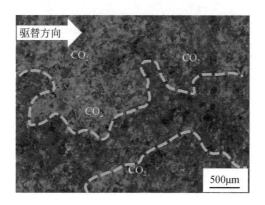

图 2.54　CO_2 驱替局部放大图（20MPa，4 倍）

进入 CO_2 混相驱阶段，CO_2 在原油中的溶解度进一步增大，并与原油形成混相，此时 CO_2 驱油渗流路径及波及范围均呈现大面积连片状分布，驱油效率达到最大值。从驱替初期（10h）到驱替完成（40h）过程中来看，进入超临界状态

图 2.55 CO_2 驱替局部放大图（20MPa，8 倍）

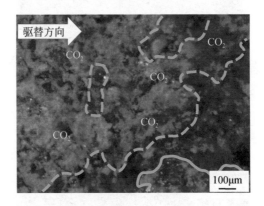

图 2.56 CO_2 驱替局部放大图（20MPa，11.25 倍）

后，CO_2 微观驱替通道主要呈现宽条带状–连片状分布，波及范围增加幅度大。此时，伴随原油生产而散逸的 CO_2 量达到了最大值，而在该阶段 CO_2 微观封存范围也大幅增加，波及区域均可成为后期 CO_2 的微观地质封存空间。

五、连续降压 CO_2 驱油与封存微观特征

在前期 CO_2 混相驱替阶段的实验基础上，进一步降低 CO_2 注入压力，开展连续降压条件下的 CO_2 驱油与封存微观特征研究，通过可视化薄片 CO_2 驱油物理流动模拟实验，观察连续降压条件下的 CO_2 在孔隙型单一介质模型中的渗流路径，明确原油动用特征和地质封存规律。

从 20MPa 开始降压，分别在 16MPa、12MPa、8MPa 和 4MPa 四个位置对驱替过程中的 CO₂ 相态特征以及原油分布进行影像采集。图 2.57 和图 2.58 分别为 20MPa、16MPa 的 CO₂ 弹性膨胀采油影像，图中可视化薄片影像整体颜色以浅红色为主，夹杂有较多深色。从左上至右下影像整体颜色呈浅色–浅红色–深红色过渡，CO₂ 主要从浅色区域内的大孔道渗流，其他部位 CO₂ 波及相对较少，造成了明显的颜色差异，对应驱油效率分别为 18% 和 23%。

图 2.57 CO₂驱替采油能力（20MPa，2倍）驱油效率18%

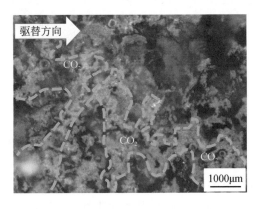

图 2.58 CO₂驱替采油能力（16MPa，2倍）驱油效率23%

图 2.59 和图 2.60 为 12MPa、8MPa 的 CO₂ 弹性膨胀采油影像，12MPa 驱替压力的可视化薄片影像整体颜色以浅红色和深红色为主，夹杂有少许浅色。深红色分布在图像的右上部区域，该区域孔喉尺度较小、连通性较差，CO₂ 几乎没有波及导致剩余油集中富集。驱替压力为 8MPa 的可视化薄片影像整体颜色以浅红色为主，浅色部分主要分布在图像的中上部，中间至四周影像整体颜色由浅色向浅

红色–深红色过渡，这是因为在该区域孔隙分布由大到小，CO_2 主要从浅色区域内的大孔道动用原油，此时驱油效率分别为43%和65%。

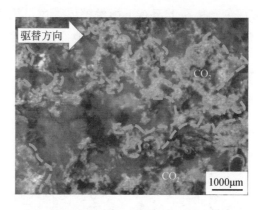

图 2.59　CO_2 驱替采油能力（12MPa，2倍）驱油效率43%

图 2.60　CO_2 驱替采油能力（8MPa，2倍）驱油效率65%

　　图 2.61 和图 2.62 为 4MPa 和 0.1MPa 的 CO_2 弹性膨胀采油影像，图中可视化薄片影像整体颜色以浅色为主，夹杂有少许浅红色–深红区域。随着压力持续降低至 0.1MPa，CO_2 在可视化薄片模型中波及体积达到极值，对比高压力阶段，此时原油已被高效动用，剩余油富集区域集中在薄片模型的顶底两个部位，整体驱油效率分别达到78%和80%。

　　在连续降压 CO_2 驱替阶段，通过对单一介质模型 CO_2 驱油渗流路径、波及范围及驱油效率评价，可明确该微观系统下的 CO_2 微观地质封存特征。综合分析可知，驱替前期 CO_2 优先沿多分支状大孔隙喉道流动，从而置换出大孔隙喉道内部

图 2.61　CO_2驱替采油能力（4MPa，2倍）驱油效率78%

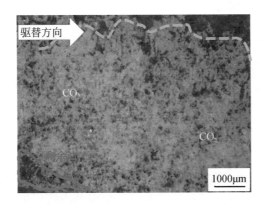

图 2.62　CO_2驱替采油能力（0.1MPa，2倍）驱油效率80%

原油。随着驱替时间的增加，CO_2沿大孔隙喉道不断波及部分渗流能力差的小孔隙喉道内，此时驱油渗流路径及波及范围均呈现大面积宽条带状分布，当 CO_2 扩散波及范围达到最大值时，在连续降压过程中的压差使得孔隙喉道内的流体被"驱出"，一定程度上可挟带出大孔隙喉道及小孔隙喉道内的部分可动原油，此时驱油效率升至最高值。因此，在该阶段 CO_2 微观封存空间扩大，CO_2 主要在多分支状大孔隙喉道及大面积宽条带状分布的微、纳米孔喉通道内物理封存，另一部分 CO_2 会随着原油流动至井筒被采出逸散，同时少部分 CO_2 与地层水–岩石相互作用反应溶解实现化学封存，CO_2 封存量可实现进一步提升。

第三节　不同驱替方式的驱油与封存微观特征

合理的驱替方式是实现致密砂岩储层 CO_2 高效驱油的关键，目前矿场常用的 CO_2 气驱方式主要有干气驱、气水交替驱、周期注气等。本节内容通过对可视化薄片模型开展不同驱替方式的物理流动模拟实验，观察不同注入方式下 CO_2 -原油体系渗流规律及原油动用特征，定量评价 CO_2 驱油效率，明确驱替方式对 CO_2 驱油与地质封存特征的影响规律。

一、原始油水分布模型构建

（一）实验材料及设备

实验原油样品取自鄂尔多斯盆地长 6 油藏，与取样岩心为同层同井；选取长 6 致密砂岩油藏天然岩心制作可视化薄片，尺寸为长 50mm×宽 25mm×厚 0.5mm；实验用 CO_2 气体纯度为 99.9%。实验设备选用高温高压可视化物理流动模拟系统，温度设定为 60℃，注入压力设定为 10MPa。

（二）实验流程

（1）对选取的天然岩心样品进行分类筛选，利用苯和乙醇（3∶1）对岩心进行深度洗油操作，清洗完成后将岩心置于恒温箱内进行烘干 24h；

（2）对岩心样品进行物性参数测试，测试完成后进行切割打磨，制作长 50mm×宽 25mm×厚 0.5mm 的可视化薄片模型，并对薄片进行编号；

（3）配置模拟地层水（矿化度为 25000mg/L），将薄片模型放入可视化物理流动模拟系统中进行驱替饱和，驱替压力 3MPa，用环压追踪泵设置围压为 3.5MPa，当注入压力达到 5PV 时停止饱和，建立可视化薄片的原始地层水分布；

（4）将油样以 0.05mL/min 的速度注入薄片模型，驱替地层水，直至出口产出液的含油量为 100%，完成薄片模型原始地层油水分布构建；

（5）温度恒定 60℃，在注入压力 10MPa 条件下，对可视化薄片进行 CO_2 干气驱替、气水交替（先注气后注水、先注水后注气）、周期注入三种不同注入方式的驱替实验，通过显微镜对可视化薄片模型进行实时影像采集；

（6）在出口端停止出油时结束实验，将实验过程中记录驱替时间、驱替速度、注入气量、进出口压力等数值准确记录分析，对不同驱替方式下的驱替动态对比分析，定量表征不同注入方式的微观孔隙中 CO_2-油驱替特征、渗流路径和驱油效率。

（三）地层水分布可视化模型构建

在对实验样品进行 CO_2 干气驱替、气水交替、周期注入三种不同注入方式的 CO_2-油驱替实验前，应先对可视化薄片饱和地层水（矿化度为25000mg/L）；设置注入压力为3MPa，环压追踪泵设置围压为3.5MPa，流速为0.05mL/min 饱和地层水，并用甲基蓝（Methyl blue，$C_{37}H_{27}N_3Na_2O_9S_3$）染色，以便镜下能有效区分油和水；以可视化薄片3-1号样品为例，图2.63～图2.66是薄片模型整个地层水饱和过程的可视化影像，饱和地层水注采参数见表2.8。

表2.8　饱和地层水注采参数

样品编号	渗透率 /$10^{-3}\mu m^2$	注入压力/MPa	注入体积 /PV	饱和时间/h	注入速度 /（mL/min）	围压/MPa
3-1	0.2175	3	5	40	0.05	3.5
3-2	0.1985	3	5	45	0.05	3.5
3-3	0.0945	3	5	50	0.05	3.5
3-4	0.1245	3	5	45	0.05	3.5

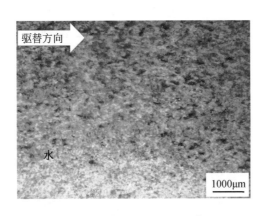

图2.63　饱和水前期（3MPa，2倍，10h）

观察饱和水过程，可以直观看到注入原始地层水后可视化薄片整体颜色变蓝。图2.63所示为饱和水前期（10h）的可视化薄片影像，地层水从注入段开始进入可视化薄片，优先沿着大孔道渗流，薄片上下区域优先进入地层水，整个区

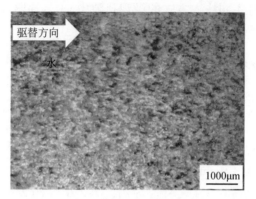

图 2.64　饱和水中期（3MPa，2 倍，20h）

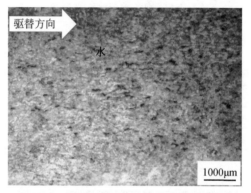

图 2.65　饱和水后期（3MPa，2 倍，30h）

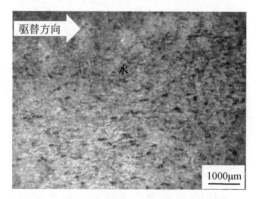

图 2.66　饱和水末期（3MPa，2 倍，40h）

域蓝色较浅，分布不均匀。图 2.64 为饱和水中期（20h）的可视化薄片影像，随着饱和过程的推进，地层水继续沿着大孔道渗流，逐渐形成优势通道，呈线状向前突进，此时注入水在可视化薄片上的颜色整体较浅。图 2.65 为饱和水后期（30h）的可视化薄片影像，随着饱和的继续进行，地层水波及区域进一步增加，整个可视化薄片都有蓝色显示，特别集中显示在可视化薄片的上部和下部区域，表明注入地层水主要沿边缘流动，然后逐渐波及整个薄片区域。图 2.66 为饱和水末期（40h）的可视化薄片影像，此时整个区域内蓝色显示明显，视域范围内颜色差异逐渐缩小，深蓝色面积显著增大，表明此时可视化薄片的饱和程度达到较高水平。

　　为更好观察可视化薄片饱和地层水流动规律，将部分区域放大观察。图 2.67 为饱和地层水局部区域放大 2 倍影像，整个区域都显示蓝色，较深的地方表明孔隙喉道相对较大，较浅的地方表示孔隙喉道相对较小。图 2.68 为饱和地层水局部区域放大 4 倍影像，蓝色显示均匀，表明饱和水效果好，同时，可以看到影像水和岩石呈颗粒分布，在岩石颗粒周围都赋存地层水。图 2.69 为饱和地层水局部区域放大 8 倍影像，岩石颗粒周围地层水赋存较好，可以直观看到地层水分布状态。图 2.70 为饱和地层水局部区域放大 11.25 倍影像，可以更加清楚地看到岩石颗粒周围地层水的赋存状态，颗粒周围显示蓝色，分布均匀，表明饱和地层水效果好。但是，也存在部分死孔隙或者渗流能力差的孔隙喉道，此类通道地层水无法进入，整体颜色较浅。综上所述，在饱和原始模拟地层水过程中，地层水先从较大孔隙喉道通过，进而逐步波及边缘的小孔隙喉道，最终建立薄片模型的原始地层水分布。

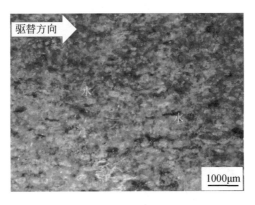

图 2.67　饱和地层水局部区域放大 2 倍

图 2.68　饱和地层水局部区域放大 4 倍

图 2.69　饱和地层水局部区域放大 8 倍

图 2.70　饱和地层水局部区域放大 11.25 倍

（四）饱和原油可视化模型构建

在完成地层水饱和后，以3MPa的最大驱替压力向薄片模型中持续注入原油，系统围压设置为3.5MPa（高于驱替压力0.5MPa），流速设置为0.05mL/min。原油黏度为7.39mPa·s，用油红（Oil Red O，$C_{26}H_{24}N_4O$）对原油进行染色，以便与地层水有效区分。图2.71～图2.74是可视化薄片3-1号样品油驱水的过程，饱和原油注采参数见表2.9。

表2.9　饱和原油注采参数

样品编号	渗透率/mD	注入压力/MPa	注入体积/PV	饱和时间/h	注入速度/（mL/min）	围压/MPa
3-1	0.2175	3	5	40	0.05	3.5
3-2	0.1985	3	5	45	0.05	3.5
3-3	0.0945	3	5	51	0.05	3.5
3-4	0.1245	3	5	40	0.05	3.5

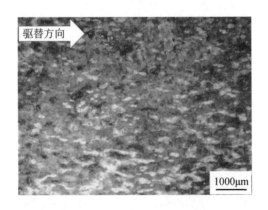

图2.71　饱和原油前期（3MPa，2倍，10h）

以可视化薄片3-1号样品为例，图2.71为饱和原油前期（10h）的可视化影像，原油在薄片中分布呈长条带状，且分布不均匀，表明在饱和原油过程中原油优先进入大孔道，而周边较小孔喉未被波及，这里体现的渗流规律同饱和水前期规律相似，即都是优先沿着大孔道流动。图2.72为饱和原油中期（20h）的可视化影像，后续原油逐渐波及较小孔喉，相较于前期红色区域更为明显，饱和的原油逐渐将孔隙中地层水驱走。图2.73为饱和原油后期（30h）的可视化影像，此

图 2.72　饱和原油中期（3MPa，2 倍，20h）

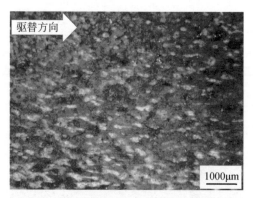

图 2.73　饱和原油后期（3MPa，2 倍，30h）

图 2.74　饱和原油末期（3MPa，2 倍，40h）

时图片中大范围显示为红色，呈现片状分布，原油将可视化薄片中大部分地层水驱替走，仅在局部区域有蓝色显示，而且蓝色显示不连续，颜色较浅。图 2.74 为饱和原油末期（40h）的可视化影像，整个可视化薄片区域全为红色，颜色较深的为大孔道，颜色较浅的为小孔道，饱和原油完成后可以看到薄片孔喉分布不均匀，这也体现出致密砂岩孔喉结构复杂、渗透率低的特点。

为更好地观察可视化薄片饱和原油流动规律，将部分区域放大观察。放大倍数为 2 倍、4 倍、8 倍、11.25 倍四个不同倍数。图 2.75 为饱和原油局部放大 2 倍的可视化影像，整个薄片饱和原油效果好，整体颜色以红色为主。图 2.76 为饱和原油局部放大 4 倍的可视化影像，红色显示均匀，同时直观看到在岩石颗粒周围有蓝色显示，这是原油未能驱替的地层水。图 2.77 为饱和原油局部放大 8 倍的可视化影像，岩石颗粒周围地层水赋存较好。图 2.78 为饱和原油局部放大 11.25 倍的可视化影像，可以更加清楚看到岩石颗粒周围油水赋存状态，岩石颗粒外周显示红色且均匀显示，表明原始油水关系已建立好。

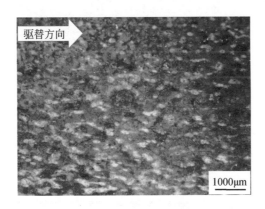

图 2.75　饱和原油局部放大 2 倍

综上所述，该过程还原了成藏阶段原油运移储集过程，构建了原始油水分布状态下的可视化薄片模型，使得后期开展的不同注入方式的微观孔隙中 CO_2-油驱替特征，更符合真实致密砂岩油藏的实际特征。

二、CO_2 干气驱替模式

CO_2 干气驱是非常规油藏 CO_2 驱油的一种重要方式，旨在通过将 CO_2 纯气体注入油藏，实现驱替原油及地质封存的目的。本实验在最大注入压力为 10MPa 的条件下，对可视化薄片模型开展 CO_2 干气驱油物理流动模拟实验，聚焦 CO_2 干

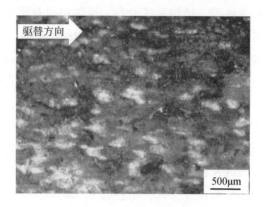

图 2.76　饱和原油局部放大 4 倍

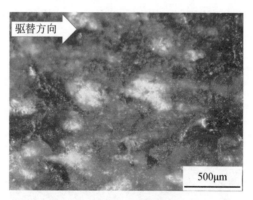

图 2.77　饱和原油局部放大 8 倍

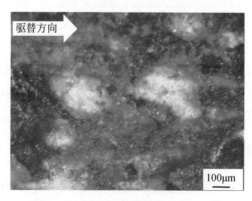

图 2.78　饱和原油局部放大 11.25 倍

气驱替方式在孔隙型单一介质模型中辅助动用原油以及地质封存阶段的渗流路径、剩余油分布和地质封存特征。微观可视化实验围压设定为 10.5MPa，流速为 0.05mL/min，回压设定为 9MPa，选取 3-1 号可视化薄片模型开展实验。图 2.79 ~ 图 2.86 为 3-1 号样品微观可视化 CO_2 干气驱替过程，连续注气驱替注采参数见表 2.10。

表 2.10　连续注气驱替注采参数

样品编号	渗透率/mD	注入压力/MPa	先注气体积/PV	后注气体积/PV	驱替时间/h	注入速度/（mL/min）	围压/MPa
3-1	0.2175	10	2	2	40	0.05	10.5

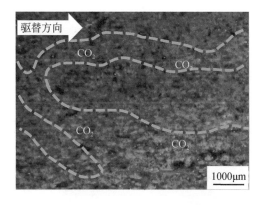

图 2.79　驱替前期（2 倍，5h）驱油效率 18%

图 2.80　驱替前期（2 倍，10h）驱油效率 22%

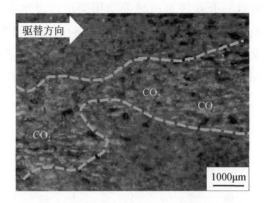

图 2.81　驱替中期（2 倍，15h）驱油效率 25%

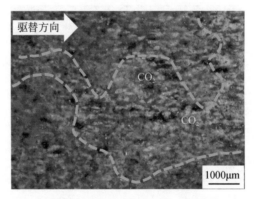

图 2.82　驱替中期（2 倍，20h）驱油效率 31%

图 2.83　驱替后期（2 倍，25h）驱油效率 45%

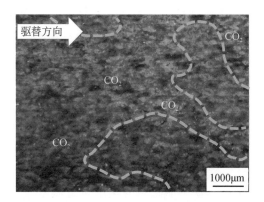

图 2.84 驱替后期 (2 倍, 30h) 驱油效率 53%

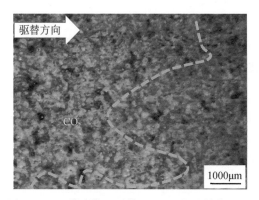

图 2.85 驱替末期 (2 倍, 35h) 驱油效率 58%

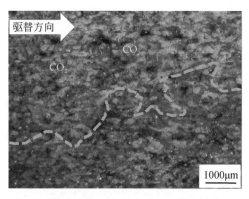

图 2.86 驱替末期 (2 倍, 40h) 驱油效率 60%

图2.79～图2.86为可视化薄片模型3-1号样品在10MPa注入压力下的CO_2干气驱替的可视化影像。在CO_2干气驱替前期（5～10h），油在薄片中的分布呈现不均匀片状分布，表明CO_2气体优先进入大孔道，将大孔道中原油驱替，而周边较小孔喉未被波及，此时驱油效率分别为18%、22%。在驱替中期（15～20h），随着注气驱替过程进行，CO_2气体逐渐波及较小孔喉，红色显示减少，分布范围缩减，表明CO_2气体将可视化薄片中较小孔喉原油驱替出，此时驱油效率分别为25%、31%。在驱替后期（25～30h），油在薄片中呈指状突进，而且呈出边缘清晰的驱替条带，剩余油呈不规则块状赋存在部分渗流能力差的小孔喉中，此时驱油效率分别为45%、53%。在CO_2干气驱替末期（35～40h），整个可视化薄片赋存部分剩余油，呈现红黑色斑点零散分布，干气驱方式难以将部分死孔隙或者渗流能力差的孔喉中赋存的剩余油驱替出，此时驱油效率分别为58%、60%。

为了更好地观察可视化薄片连续注气渗流规律，放大观察倍数为2倍、4倍、8倍、11.25倍四个不同倍数。图2.87是CO_2干气驱替局部放大2倍的薄片影像，红色为不连续的块状，呈现较小的条带状。图2.88是CO_2干气驱替局部放大4倍的薄片影像，可以直观地看到驱替前缘左侧被CO_2驱替后红色明显变浅，驱替前缘带上的红色明显加深，驱替界面呈现出边缘清晰的驱替条带。图2.89为CO_2干气驱替局部放大8倍的薄片影像，驱替前缘带上的红色明显加深，整个驱替前缘呈现不规则状，表明模型孔喉分布较为复杂，在驱替过程中原油优先沿着大孔流动。图2.90为CO_2干气驱替局部放大11.25倍的影像，可以清楚地看到岩石颗粒周围原油的分布关系和赋存状态，红色显示不均匀，表明注入的CO_2气体优先从大孔隙喉道通过，随着驱替过程的进行，不断波及较小孔喉，直至不能将可视化薄片中的原油驱替出为止。

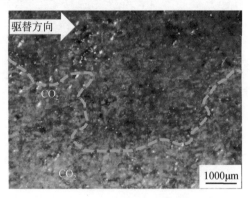

图2.87　CO_2干气驱替局部放大2倍

图 2.88 CO_2 干气驱替局部放大 4 倍

图 2.89 CO_2 干气驱替局部放大 8 倍

图 2.90 CO_2 干气驱替局部放大 11.25 倍

在最大注入压力为 10MPa 的干气 CO_2 驱替阶段，通过对可视化薄片模型 CO_2 驱油渗流路径和剩余油分布规律进行评价，可明确该压力系统下的 CO_2 的微观地质封存特征。综合分析可知，10MPa 干气 CO_2 驱波及形态主要沿着高渗通道呈现不规则宽条带状分布模式，在驱替初期（10h）到驱替末期（40h）过程中，微观渗流通道由不规则的单一宽条带逐步转变为树枝状的复杂宽条带渗流通道。因此，一部分 CO_2 会随着原油流动至井筒并被采出散逸；另外一部分 CO_2 会在驱替形成的渗流通道内物理封存，微观地质封存空间主要为单一及复杂的树枝状微、纳米孔喉通道。

三、CO_2 气水交替驱替模式

CO_2 气水交替驱替模式是非常规油藏 CO_2 驱油的另一种重要方式，通过将 CO_2 纯气体和水以不同的组合方式（先注气后注水、先注水后注气）注入油藏，避免 CO_2 纯气体进入地层后形成指状突进等窜流形式，实现在稳定驱替前缘和波及体积条件下驱替原油及地质封存的目的。本实验在最大注入压力为 10MPa 的条件下，对可视化薄片模型开展 CO_2 气水交替驱油物理流动模拟实验，聚焦 CO_2 气水交替驱替方式在孔隙型单一介质模型中辅助动用原油以及地质封存阶段的渗流路径、剩余油分布和地质封存特征，先注气后注水驱替注采参数详见表 2.11。

表 2.11　先注气后注水驱替注采参数

样品编号	渗透率/mD	注入压力 /MPa	先注气体积 /PV	后注水体积 /PV	驱替时间/h	注入速度 /（mL/min）	围压/MPa
3-2	0.1985	10	2	2	10	0.05	10.5

图 2.91～图 2.98 为可视化薄片模型 3-2 号样品在 10MPa 注入压力下的先注气后注水驱替的可视化影像。在注气驱替前期、中期（5～10h），油在薄片中的分布呈现不均匀片状分布，呈现典型的线状突进形式，表明 CO_2 气体优先进入大孔道，将大孔道中原油驱替，而周边较小孔喉未被波及，此时驱油效率分别为 16%、21%。在注气驱替后期、末期（15～20h），随着注气驱替过程的进行，CO_2 气体在沿大孔隙喉道进入的同时，逐步向周边较小孔隙喉道扩散，原油波及范围增大，红色显示减少，表明 CO_2 气体将可视化薄片中原油从最初的大孔道逐步波及小孔道，此时驱油效率分别为 30%、43%。随后开始注水 2PV，在注水驱替前期、中期（25～30h），油在薄片中呈指状突进，驱替前缘呈现不规则状，

表明模型孔喉分布较为复杂，剩余油相对富集，此时驱油效率分别为 57%、61%。在注水驱替后期、末期（35～40h），整个可视化薄片赋存部分剩余油，仅有少量孤立红色斑点显现，注水驱替方式难以将部分渗流能力差的孔喉赋存的剩余油驱替出，而较大孔隙喉道驱替效果较好，此时驱油效率分别为 65%、70%。

图 2.91　注气驱替前期（2 倍，5h）驱油效率 16%

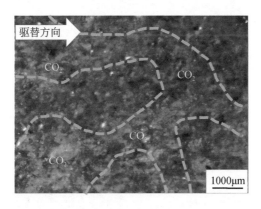

图 2.92　注气驱替中期（2 倍，10h）驱油效率 21%

　　为了更好地观察可视化薄片先注气后注水渗流规律，将部分区域进行放大观察，放大倍数为 2 倍、4 倍、8 倍、11.25 倍四个不同倍数。图 2.99、图 2.100 为先注气驱替局部区域放大 2 倍、4 倍影像，红色显示为块状且连续分布，注入的 CO₂ 气体形成优势通道，将可视化薄片中连续的油分成连续的块状。图 2.101、图 2.102 为先注气驱替局部区域放大 8 倍、11.25 倍影像，可以清楚地看到岩石颗粒周围原油的分布关系和赋存状态，红色显示不均匀，表明注入的 CO₂ 气体优

图 2.93　注气驱替后期（2 倍，15h）驱油效率 30%

图 2.94　注气驱替末期（2 倍，20h）驱油效率 43%

图 2.95　注水驱替前期（2 倍，25h）驱油效率 57%

图 2.96 注水驱替中期（2 倍，30h）驱油效率 61%

图 2.97 注水驱替后期（2 倍，35h）驱油效率 65%

图 2.98 注水驱替末期（2 倍，40h）驱油效率 70%

先从大孔隙喉道通过，随着驱替过程的进行，不断波及较小孔喉。图2.103、图2.104为后注水驱替局部区域放大2倍、4倍影像，可以直观地看到驱替左侧边缘被注入水驱替后红色明显变浅，驱替前缘带上的红色明显加深，驱替界面呈现出边缘清晰的驱替条带。图2.105、图2.106为后注水驱替局部区域放大8倍、11.25倍影像，可以观察到蓝色显示减少，注入水沿着渗流优势通道流动，在影像中显示为舌进形状，驱油效率提高，剩余油在薄片中呈块状分布，表明先注气后注水驱油效果好于CO_2干气驱。

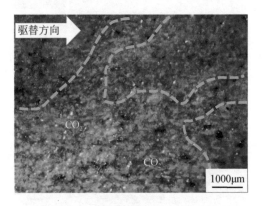

图2.99　先注气驱替局部区域放大2倍

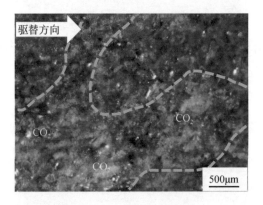

图2.100　先注气驱替局部区域放大4倍

改变气水注入顺序，观测先注水后注气的微观孔隙中水–CO_2–油驱替特征，明确先注水后注气驱替方式在孔隙型单一介质模型中辅助动用原油以及地质封存阶段的渗流路径、剩余油分布和地质封存特征。先注水后注气驱替同样设置注入

图 2.101   先注气驱替局部区域放大 8 倍

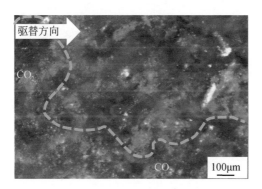

图 2.102   先注气驱替局部区域放大 11.25 倍

图 2.103   后注水驱替局部区域放大 2 倍

图 2.104　后注水驱替局部区域放大 4 倍

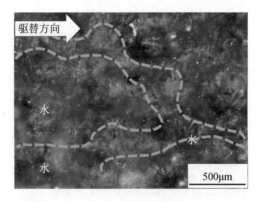

图 2.105　后注水驱替局部区域放大 8 倍

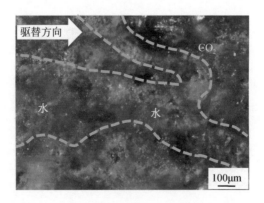

图 2.106　后注水驱替局部区域放大 11.25 倍

压力为 10MPa、围压为 10.5MPa、流速为 0.05mL/min 进行驱替，选取 3-3 号样品进行实验，先注水后注气驱替注采参数见表 2.12。

表 2.12 先注水后注气驱替注采参数

样品编号	渗透率/mD	注入压力/MPa	先注水体积/PV	后注气体积/PV	驱替时间/h	注入速度/(mL/min)	围压/MPa
3-3	0.0945	10	2	2	40	0.05	10.5

图 2.107～图 2.114 为可视化薄片模型 3-3 号样品在 10MPa 注入压力下先注水后注气驱替的可视化影像。在注水驱替前期、中期（5～10h），油在薄片中的分布呈现不均匀长条带状，呈现典型的线状突进形式，表明注入水优先进入大孔道，将大孔道中原油驱替，而周边较小孔喉未被波及，此时驱油效率分别为 14%、23%。在注水驱替后期、末期（15～20h），注入水波及范围扩大，红色显示减少，驱油效率分别为 30% 和 45%。在注气驱替前期、中期（25～30h），油在薄片中呈指状突进，而且边缘呈现出清晰的驱替条带，剩余油呈现不规则状赋存，表明模型孔喉分布较为复杂，剩余油相对富集，此时驱油效率分别为 58% 和 63%。在后注气驱替后期、末期（35～40h），整个可视化薄片仅有少量孤立红色斑点零散分布，后注气驱替方式能将部分渗流能力差的孔喉赋存的剩余油驱替出，驱替效果较好，此时驱油效率分别为 68% 和 71%。

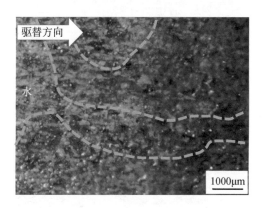

图 2.107 注水前期（2 倍，5h）驱油效率 14%

为了更好地观察可视化薄片先注水后注气的渗流规律，将部分区域进行放大观察。图 2.115、图 2.116 为注水驱替局部区域放大 2 倍、4 倍影像，红色显示为块状且连续剩余油，驱替左侧边缘被注入水驱替后红色明显变浅，驱替前缘带

图 2.108　注水中期（2 倍，10h）驱油效率 23%

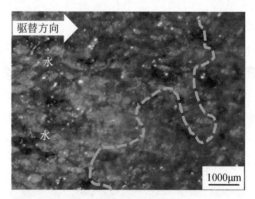

图 2.109　注水后期（2 倍，15h）驱油效率 30%

图 2.110　注水末期（2 倍，20h）驱油效率 45%

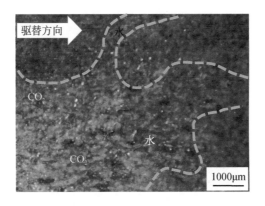

图 2.111 注气前期（2 倍，25h）驱油效率 58%

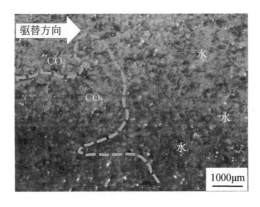

图 2.112 注气中期（2 倍，30h）驱油效率 63%

上的红色明显加深，驱替界面呈现出边缘清晰的驱替条带。图 2.117、图 2.118 为注水驱替局部区域放大 8 倍、11.25 倍影像，可以清楚地看到岩石颗粒周围原油的赋存状态，红色显示不均匀，表明注入水优先从大孔隙喉道通过。图 2.119、图 2.120 为后注气驱替局部区域放大 2 倍和 4 倍影像，注入的 CO_2 气体形成优势通道，将可视化薄片中的油驱替成连续的不规则块状。图 2.121、图 2.122 为后注气驱替局部区域放大 8 倍和 11.25 倍影像，可以观察到注入气沿着渗流优势通道流动，在影像中显示为舌进形状，剩余油在薄片中呈块状连续分布，表明先注水后注气驱油效果相较于先注气后注水驱油效果较好。

通过评价 CO_2 气水交替（先注气后注水、先注水后注气）驱替的可视化薄片模型微观驱油渗流路径及剩余油分布规律，可明确该驱替方式下的 CO_2 微观地质

图 2.113　注气后期（2 倍，35h）驱油效率 68%

图 2.114　注气末期（2 倍，40h）驱油效率 71%

封存特征。综合分析发现，CO_2 驱波及形态前期主要沿着高渗通道流动呈现不规则树枝状分布，随着驱替时间的增加，前期形成的树枝状渗流通道到后期逐渐延展合并呈均匀的宽条带状–连片状分布，CO_2 波及范围增加幅度大。在该阶段 CO_2 微观封存范围显著扩大，微观地质封存空间呈宽条带状–连片状分布，CO_2 封存量可实现进一步提升。

四、CO_2 气体周期注入驱替模式

CO_2 周期注入驱替方式是油田矿场常用的气驱模式，通过将 CO_2 纯气体和水以周期注入方式注入油藏，避免 CO_2 纯气体进入地层后形成指状突进等窜流形式，实现在稳定驱替前缘和波及体积条件下驱替原油及地质封存的目的。本实验

图 2.115 先注水驱替局部区域放大 2 倍

图 2.116 先注水驱替局部区域放大 4 倍

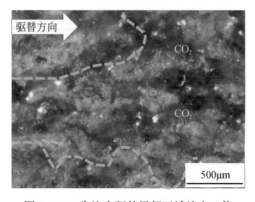

图 2.117 先注水驱替局部区域放大 8 倍

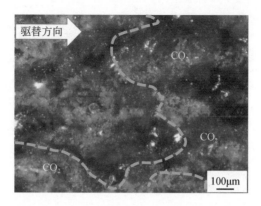

图 2.118　先注水驱替局部区域放大 11.25 倍

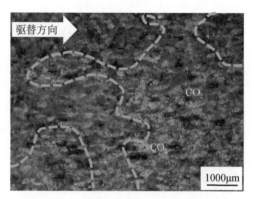

图 2.119　后注气驱替局部区域放大 2 倍

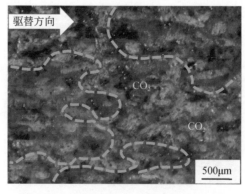

图 2.120　后注气驱替局部区域放大 4 倍

图 2.121 后注气驱替局部区域放大 8 倍

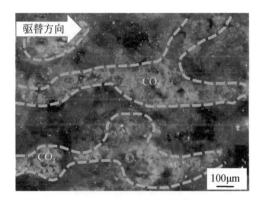

图 2.122 后注气驱替局部区域放大 11.25 倍

在最大注入压力为 10MPa 条件下，对可视化薄片模型开展 CO_2 周期注入驱油物理流动模拟实验，每块薄片模型先进行注气驱替 2PV，停止 24h，然后再次进行注气驱替 2PV，旨在 CO_2 周期注入驱替方式在孔隙型单一介质模型中辅助动用原油以及地质封存阶段的渗流路径、剩余油分布和地质封存特征。选取 3-4 号样品进行周期注气实验，周期注气驱替注采参数见表 2.13。

表 2.13 周期注气驱替注采参数

样品编号	渗透率/mD	注入压力/MPa	先注气体积/PV	后注气体积/PV	注气间隔/h	注入速度/(mL/min)	围压/MPa
3-4	0.1245	10	2	2	24	0.05	10.5

　　图 2.123 ~ 图 2.130 为可视化薄片模型 3-4 号样品在 10MPa 注入压力下的周期注气驱替的可视化影像。在先注气驱替前期、中期（5 ~ 10h），油在薄片中的分布呈不均匀片状分布，呈现树枝状突进形式，CO_2 气体将大孔道中原油驱替而周边较小孔喉未被波及，此时驱油效率分别为 12% 和 26%。在先注气驱替后期、末期（15 ~ 20h），CO_2 气体逐步向周边较小孔隙喉道扩散，气驱波及范围增大，红色显示减少，此时驱油效率分别为 30% 和 48%。间隔 24h 后继续注气 2PV，在后注气驱替前期、中期（25 ~ 30h），驱替前缘呈现不规则状，部分气体沿着前期注气形成的高渗通道推进，但是整个气驱波及范围持续增大，此时驱油效率达到 56% 和 67%。在后注气驱替后期、末期（35 ~ 40h），整个可视化薄片仅有少量孤立红色黑色网状点显现，后注气驱替方式可以将部分渗流能力差孔喉的赋存剩余油驱替出，此时驱油效率最高分别为 70% 和 84%。

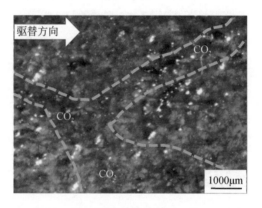

图 2.123　先注气 2PV 驱替前期（2 倍，5h）驱油效率 12%

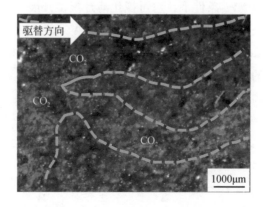

图 2.124　先注气 2PV 驱替中期（2 倍，10h）驱油效率 26%

图 2.125 先注气 2PV 驱替后期（2 倍，15h）驱油效率 30%

图 2.126 先注气 2PV 驱替末期（2 倍，20h）驱油效率 48%

图 2.127 后注气 2PV 驱替前期（2 倍，25h）驱油效率 56%

图 2.128　后注气 2PV 驱替中期（2 倍，30h）驱油效率 67%

图 2.129　后注气 2PV 驱替后期（2 倍，35h）驱油效率 70%

图 2.130　后注气 2PV 驱替末期（2 倍，40h）驱油效率 84%

为了更好地观察可视化薄片周期注气渗流规律,将部分区域进行放大观察,放大倍数为2倍、4倍、8倍、11.25倍四个不同倍数。图2.131、图2.132为周期注气驱替局部区域放大2倍、4倍影像,红色为赋存剩余油,呈不规则的连续块状,注入的 CO_2 气体呈指状、舌状突进,驱替前缘呈不规则状,将可视化薄片中的原油驱替成连续的块状。图2.133、图2.134为周期注气驱替局部区域放大8倍、11.25倍影像,可以清楚地看到岩石颗粒周围原油的赋存状态,呈不均匀红色网状,表明注入的 CO_2 气体优先从大孔隙喉道通过,随着驱替过程的进行,不断波及较小孔喉。图2.135、图2.136为周期注气驱替局部区域放大2倍、4倍影像,可以直观看到驱替带左侧边缘被注入 CO_2 驱替后红色明显变浅,驱替带右侧的红色明显加深,界面呈边缘清晰的驱替条带。图2.137、图2.138为周期注气驱替局部区域放大8倍、11.25倍影像,可以观察到注入 CO_2 气体从大孔隙喉道通过,随着驱替过程继续进行,注入气体不断波及较小孔喉,有效地将原先连续分布的原油带走,直至不能驱替出原油为止,剩余油在薄片中呈块状斑点分布,表明周期注气驱油效果相较于气水交替(先注气后注水、先注水后注气)驱油效果较好,驱油效率最高提升了14%。

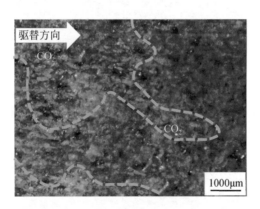

图2.131　周期注气驱替局部区域放大2倍(先气后水)

通过评价 CO_2 气体周期注入驱替阶段的可视化薄片模型微观驱油渗流路径及剩余油分布规律,可明确该驱替方式下的 CO_2 微观地质封存特征。综合分析发现, CO_2 驱波及形态在先注气驱替前期、中期(0~10h)主要沿着高渗通道流动呈现不规则树枝状分布,随着驱替时间的增加,先注气驱替前期、中期形成的树枝状渗流通道到后期、末期(10~20h)逐渐延展合并呈不均匀宽条带状分布;后注气驱替形成的不规则树枝状渗流通道相比于先注气驱替阶段的更为复杂,渗

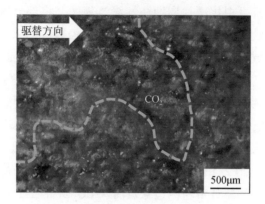

图 2.132　周期注气驱替局部区域放大 4 倍（先气后水）

图 2.133　周期注气驱替局部区域放大 8 倍（先气后水）

图 2.134　周期注气驱替局部区域放大 11.25 倍（先气后水）

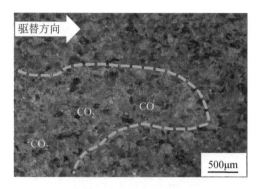

图 2.135　周期注气驱替局部区域放大 2 倍（先水后气）

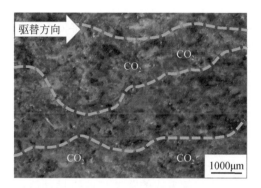

图 2.136　周期注气驱替局部区域放大 4 倍（先水后气）

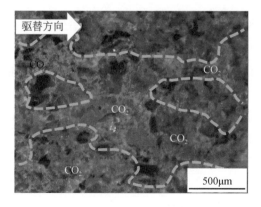

图 2.137　周期注气驱替局部区域放大 8 倍（先水后气）

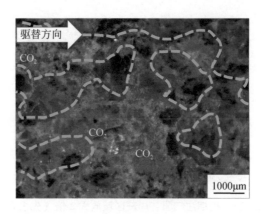

图 2.138　周期注气驱替局部区域放大 11.25 倍（先水后气）

流区域进一步扩大形成宽大的条带状。该阶段一部分 CO_2 会随着原油流动至井筒并被采出散逸，另外一部分 CO_2 会在驱替形成的渗流通道内物理封存，微观地质封存空间主要为树枝状-宽条带状微、纳米孔喉通道，CO_2 封存量相比于气水交替阶段可实现进一步提升。

本 章 小 结

不同相态的 CO_2 及不同驱替方式的驱油与地质封存微观可视化实验结果，明确了 CO_2 辅助动用原油及地质封存阶段的渗流路径、剩余油分布及地质封存特征，得到以下结论。

（1）随着 CO_2 驱替压力的不断增加，驱油效率呈单调递增形式，即驱油效率与 CO_2 驱替压力呈正相关关系。当 CO_2 达到超临界状态，此时 CO_2 溶解使得原油体积增加，原油黏度降低，驱油效率进一步增加，综合驱油效率由气相阶段的32%提升至65%。

（2）当 CO_2 达到混相状态后，CO_2 与原油互溶形成特殊的混相带，最大限度的动用大孔隙喉道和小孔隙喉道的原油，驱油效率大幅提高，综合驱油效率由气相阶段的32%提升至82%，增幅达到50%。通过连续降压 CO_2 弹性膨胀采油实验可以得出，随着压力的降低，CO_2 体积不断增大，在降压膨胀过程中驱油效率不断提高，综合驱油效率达到80%。

（3）不同相态的 CO_2 驱替阶段，CO_2 驱油渗流路径及波及范围逐渐扩大，形成由树枝状-宽条带状-块状-大面积连片状分布的过渡形态，尤其是进入混相状态后，CO_2 微观驱替通道主要呈现大面积连片状分布，波及范围增加幅度大。CO_2 主要在树枝状大孔隙喉道及大面积宽条带状分布的微、纳米孔喉通道内物理封存，另一部分 CO_2 会随着原油流动至井筒被采出逸散。

（4）对比三种不同驱替方式的驱油效率，周期注气效果最好、气水交替效果次之、连续注气效果相对较差，周期注气驱油效率相较于连续注气驱油效率提高 24%，达到 84%。连续注气驱替方式下，CO_2 突破岩心后形成优势通道，对岩心渗流通道之外其他区域的扩散波及范围减小，因此驱油效果相对较差，仅为 60%。

（5）不同驱替方式的地质封存特征，CO_2 驱油渗流路径及波及范围形成由多分支状–连片状–大面积宽条带分布的过渡形态，CO_2 主要在多分支状大孔隙喉道及大面积宽条带状分布的微、纳米孔喉通道内物理封存，另一部分 CO_2 会随着原油流动至井筒被采出逸散，同时少部分 CO_2 与地层水–岩石相互作用反应溶解实现化学封存，CO_2 封存量可实现进一步提升。

第三章 双重介质 CO_2 驱油与封存特征

第一节 双重介质可视化实验设置

选取鄂尔多斯盆地长 6 致密砂岩油藏真实岩心样品，制备裂缝型双重介质模型，在不同的压力下对模型开展 CO_2 驱油与地质封存可视化物理模拟实验及注气吞吐实验。观察不同压力下气驱过程中气体沿裂缝及裂缝周边的窜逸规律，明确气体在基质和裂缝的波及范围和采出程度。注入压力从 3MPa 到 20MPa，压力点跨越 CO_2 超临界点、CO_2-原油体系非混相相态和 CO_2-原油体系混相相态，完整观察在裂缝型双重介质模型中，CO_2 辅助动用原油及地质封存阶段的渗流路径、剩余油分布和地质封存特征，重点聚焦 CO_2 流体在超临界点和最小混相压力处的相态变化、渗流路径及驱油效率特征，明确在致密砂岩油藏孔隙-裂缝型双重介质中的驱油与地质封存规律。

一、驱替模式实验设置

（一）实验材料及设备

本实验原油样品取自鄂尔多斯盆地长 6 油藏，与取样岩心为同层同井；选取长 6 致密砂岩油藏天然岩心制作可视化薄片，尺寸为长 50mm×宽 25mm×厚 0.5mm；实验用 CO_2 气体纯度为 99.9%。实验设备选用高温高压可视化物理流动模拟系统，温度设定为 60℃，注入压力设定为 4MPa、8MPa、12MPa、16MPa 和 20MPa。

（二）实验方法

利用高温高压可视化物理流动模拟系统观测在不同注入压力下的气驱过程中气体沿裂缝及裂缝周边的窜逸规律，通过回压控制注入压力，使 CO_2 经过气相、超临界、非混相、混相等多种相态，开展不同相态模式下的裂缝型双重介质模型

CO_2 微观驱油及地质封存可视化模拟实验。通过尼康 SMZ1500 高清显微镜、微量泵和高清录像系统，对不同压力驱油过程中 CO_2-原油体系在裂缝型双重介质中的相态特征动态变化进行详细记录，重点观测 CO_2 流体在超临界点和最小混相压力处的相态变化、渗流路径和驱油效率，明确在致密砂岩油藏裂缝型双重介质的驱油与地质封存规律。

（三）实验流程

（1）对选取的岩心样品进行筛选、分类和编号，用苯和乙醇 3：1 的比例对岩心进行深度洗油操作，清洗完成后将岩心置于恒温箱内进行烘干；在 80℃ 下对岩样进行烘干 24h。

（2）对岩心样品进行物性参数分析等测试工作，将岩心进行切割、打磨，制成长 50mm×宽 25mm×厚 0.5mm 的薄片 4 个，并对岩心片进行编号。

（3）配置模拟地层水（矿化度为 25000mg/L），将薄片模型放入可视化物理流动模拟系统中进行驱替饱和，驱替压力 3MPa，用环压追踪泵设置围压为 3.5MPa，当注入压力达到 5PV 时停止饱和，建立可视化薄片的原始地层水分布。

（4）将油样以 0.05mL/min 的速度注入薄片模型，驱替地层水，直至出口产出液的含油量为 100%，完成薄片模型原始地层油水分布构建。

（5）对真实岩心及刻蚀模型调研发现，真实砂岩以及刻蚀模型的缝宽为 100 ~ 500μm，而可视化薄片的厚度为 0.5mm，所以对 4 块岩心片的中轴线刻缝，缝宽 0.5mm、深 0.5mm。

（6）温度恒定 60℃，设置 CO_2 注入压力分别为 4MPa、8MPa、12MPa、16MPa 和 20MPa 五个压力点，进行 CO_2 驱油与地质封存流动模拟，通过显微镜对可视化薄片模型进行实时图像采集，观察气体在基质中波及范围和采出程度，观察裂缝及裂缝周边流体渗流及分布规律。

（7）在出口端停止出油时结束实验，对实验过程中记录驱替时间、驱替速度、注入气量、进出口压力等数值准确记录分析，对不同压力下 CO_2 流体在超临界点和最小混相压力处的相态变化、渗流路径和驱油效率进行定量表征。

二、吞吐模式实验设置

（一）实验材料及设备

本实验原油样品取自鄂尔多斯盆地长 6 油藏，与取样岩心为同层同井；选取长 6 致密砂岩油藏天然岩心制作可视化薄片，尺寸为长 50mm×宽 25mm×厚 0.5mm；实验用 CO_2 气体纯度为 99.9%。实验设备选用尼康 SMZ1500 高清显微镜、微观可视化驱替装置，温度设定为 60℃，注入压力设定为 4MPa、8MPa、12MPa、16MPa 和 20MPa。

（二）实验方法

利用高温高压可视化物理流动模拟系统，观测在不同吞吐压力下的吞吐过程中气体沿裂缝及裂缝周边的窜逸规律，通过回压控制吞吐压力，使 CO_2 经过气相、超临界、非混相、混相等多种相态，开展不同相态模式下的裂缝型双重介质模型 CO_2 吞吐驱油及地质封存可视化模拟实验。通过尼康 SMZ1500 高清显微镜、微量泵和高清录像系统，对不同吞吐压力驱油过程中 CO_2-原油体系在裂缝型双重介质中的相态特征动态变化进行详细记录，重点观测 CO_2 在超临界点和最小混相压力处的相态变化、渗流路径和驱油效率，明确在致密砂岩油藏裂缝型双重介质的 CO_2 吞吐驱油与地质封存规律。

（三）实验流程

（1）对选取的岩心样品进行筛选、分类和编号，用苯和乙醇 3:1 的比例对岩心进行深度洗油操作，清洗完成后将岩心置于恒温箱内进行烘干；在 80℃ 下对岩样进行烘干 24h。

（2）对岩心样品进行物性参数分析等测试工作，将岩心进行切割打磨并制成长 50mm×宽 25mm×厚 0.5mm 的薄片，并对岩心片进行编号。

（3）配置模拟地层水（矿化度为 25000mg/L），将薄片模型放入可视化物理流动模拟系统中进行驱替饱和，驱替压力为 3MPa，用环压追踪泵设置围压为 3.5MPa，当注入压力达到 5PV 时停止饱和，建立可视化薄片的原始地层水分布。

（4）将油样以 0.05mL/min 的速度注入薄片模型，驱替地层水，直至出口产出液的含油量为 100%，完成薄片模型原始地层油水分布构建，并对可视化薄片沿中轴线刻缝，缝宽 0.5mm、深 0.5mm。

（5）在同一端-不同端条件下开展不同吞吐压差 CO_2 吞吐驱油实验，吞吐注入压力为 20MPa，关闭注入端进行焖井 24h，焖井结束后控制出口端压力分别为 4MPa、8MPa、12MPa、16MPa 和 20MPa，观察同一端-不同端注采时可视化薄片中流体动态分布。

（6）在出口端停止出油时结束实验，实验过程中记录吞吐时间、吞吐速度、注入气量、进出口压力等数值准确记录分析，对不同吞吐压力下 CO_2 流体在超临界点和最小混相压力处的相态变化、渗流路径和驱油效率进行定量表征。

三、驱替模式原始油水分布

（一）地层水分布可视化模型构建

为了观察不同压力下气驱过程中气体沿裂缝窜逸规律，了解气体在裂缝及基质中的波及范围和采出程度，观察裂缝及裂缝周边流体渗流及分布规律。在饱和地层水的过程中以围压 3.5MPa、驱替压力 3MPa、流速 0.05mL/min 进行饱和，配置的地层水矿化度为 25000mg/L，并用甲基蓝（Methyl blue， $C_{37}H_{27}N_3Na_2O_9S_3$ ）染色以便镜下有效区分油和水，以可视化薄片 4-1 号样品为例，图 3.1～图 3.4 是整个饱和地层水的实验过程，注采参数见表 3.1。

图 3.1　饱和地层水前期（3MPa，2 倍，10h）

图 3.2　饱和地层水中期（3MPa，2 倍，20h）

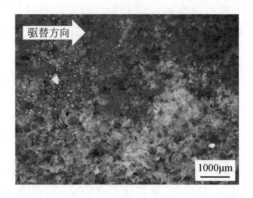

图 3.3　饱和地层水后期（3MPa，2倍，30h）

图 3.4　饱和地层水末期（3MPa，2倍，40h）

表 3.1　饱和地层水注采参数

可视化薄片编号	渗透率/mD	注入压力/MPa	注入体积/PV	饱和时间/h	注入速度/（mL/min）	围压/MPa
4-1	0.2175	3	5	40	0.05	3.5
4-2	0.1862	3	5	45	0.05	3.5
4-3	0.1985	3	5	45	0.05	3.5
4-4	0.1753	3	5	43	0.05	3.5
4-5	0.0945	3	5	51	0.05	3.5

　　观察饱和水过程，可以直观地看到注入原始地层水后可视化薄片整体颜色变蓝。图 3.1 是饱和地层水前期（10h）的可视化薄片影像，地层水从注入段开始

进入可视化薄片，优先沿着大孔道渗流，蓝色较浅且分布范围小，分布并不均匀。图3.2是饱和地层水中期（20h）的可视化薄片影像，随着饱和过程的推进，地层水继续沿着大孔道渗流，逐渐形成优势通道并向周边小孔隙喉道扩散，呈线状向前突进，此时注入水在可视化薄片上的颜色进一步加深。图3.3是饱和地层水后期（30h）的可视化薄片影像，随着饱和的继续进行，地层水波及区域进一步增加，整个可视化薄片都有蓝色显示，特别集中显示在可视化薄片中上部区域，表明注入地层水主要沿上部边缘流动，然后逐渐波及整个薄片区域。图3.4是饱和地层水末期（40h）的可视化薄片影像，此时整个区域内蓝色显示明显，视域范围内颜色差异逐渐缩小，深蓝色面积显著增大，直至深蓝色面积不在变化为止，表明此时可视化薄片的饱和程度达到较高水平。

为了更好地观察可视化薄片饱和地层水流动规律，将部分区域放大观察。图3.5是饱和地层水局部区域放大2倍影像，蓝色区域特别集中在可视化薄片中下部，注入地层水主要沿大孔隙喉道边缘流动。图3.6是饱和地层水局部区域放大4倍影像，整个视域范围内均显示蓝色，但分布并不均匀，同时，可以看到影像岩石呈颗粒分布，在部分岩石颗粒周围赋存地层水。图3.7是饱和地层水局部区域放大8倍影像，可以看出整个薄片蓝色显示明显，注入地层水优先从大孔隙喉道通过，随着饱和过程继续进行，地层水不断波及较小孔喉。图3.8是饱和地层水局部区域放大11.25倍影像，可以更加清楚地看到岩石颗粒周围地层水的赋存状态，颗粒周围显示蓝色，分布均匀，表明饱和地层水效果好。综上所述，在饱和原始模拟地层水过程中，地层水先从较大孔隙喉道通过，进而逐步波及边缘的小孔隙喉道，直至完全饱和好整个薄片，最终建立薄片模型的原始地层水分布。

图3.5 饱和地层水局部区域放大2倍

图 3.6 饱和地层水局部区域放大 4 倍

图 3.7 饱和地层水局部区域放大 8 倍

图 3.8 饱和地层水局部区域放大 11.25 倍

（二）饱和原油可视化模型构建

为了观察不同压力下气驱过程中气体沿裂缝窜逸规律，明确气体在裂缝及基质中波及范围和采出程度，观察裂缝及裂缝周边流体渗流及分布规律。在饱和原油的过程中以围压3.5MPa、驱替压力3MPa、流速0.05mL/min饱和原油，原油黏度为7.39mPa·s，用油红（Oil Red O，$C_{26}H_{24}N_4O$）对原油染色，以便更好观察，以可视化薄片4-1号样品为例，图3.9～图3.12为饱和原油的过程，饱和原油注采参数见表3.2。

图3.9　饱和原油前期（3MPa，2倍，10h）

图3.10　饱和原油中期（3MPa，11.25倍，20h）

图 3.11　饱和原油后期（3MPa，8 倍，30h）

图 3.12　饱和原油末期（3MPa，11.25 倍，40h）

表 3.2　饱和原油注采参数

可视化薄片编号	渗透率/mD	注入压力/MPa	注入体积/PV	饱和时间/h	注入速度/（mL/min）	围压/MPa
4-1	0.2175	3	5	40	0.05	3.5
4-2	0.1862	3	5	45	0.05	3.5
4-3	0.1985	3	5	45	0.05	3.5
4-4	0.1753	3	5	43	0.05	3.5
4-5	0.0945	3	5	51	0.05	3.5

　　以可视化薄片 4-1 号样品为例，图 3.9 为饱和原油前期（10h）的可视化影像，原油在薄片中分布呈不规则点状散布，且在视域范围内分布并不均匀，表明

在饱和原油过程中原油优先进入大孔道，而周边较小孔喉未被波及，这与饱和地层水前期的渗流规律相似，即优先进入高渗流通道。图3.10为饱和原油中期（20h）的可视化影像，后续原油逐渐波及较小孔喉，呈现一种线状突进的现象，相较于前期红色区域更为明显，但整体饱和程度不高。图3.11为饱和原油后期（30h）的可视化影像，此时图中还显示少部分红色，呈现不规则片状分布，原油在沿大孔隙喉道进入的同时向周边小孔隙喉道扩散，原油波及范围继续增大。图3.12为饱和原油末期（40h）的可视化影像，持续注入原油使得波及范围达到最大，从开始的高渗流通道逐步扩散至波及边界，呈现出中间颜色深、两边颜色浅的影像，饱和原油完成后可以看到薄片孔喉分布并不均匀，这体现出致密砂岩孔喉结构复杂、非均质性强的特点。

　　为更好地观察可视化薄片饱和原油流动规律，将部分区域放大观察，放大倍数为2倍、4倍、8倍、11.25倍四个不同倍数。图3.13为饱和原油局部放大2倍的可视化影像，原油优先从大孔隙喉道通过，呈现线状突进形式，中部颜色以红色为主。图3.14为饱和原油局部放大4倍的可视化影像，红色显示较多，同时直观看到在岩石颗粒周围有蓝色显示，对应油藏中不可动流体束缚水。图3.15为饱和原油局部放大8倍的可视化影像，薄片整体显示红色，表明在该区域饱和原油效果好，影像中部岩石颗粒周围有蓝色地层水赋存。图3.16为饱和原油局部放大11.25倍影像，可以更加清楚地看到岩石颗粒周围的油水赋存状态，岩石颗粒外周显示红色且均匀显示，表明原始油水关系已建立好。综上所述，该过程还原了成藏阶段原油运移储集过程，构建了原始油水分布状态下的可视化薄片模型，使得后期开展的不同注入方式的微观孔隙中CO₂-油驱替特征，更符合真实致密砂岩油藏的实际特征。

图3.13　饱和原油局部放大2倍

图 3.14　饱和原油局部放大 4 倍

图 3.15　饱和原油局部放大 8 倍

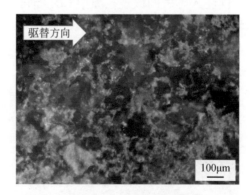

图 3.16　饱和原油局部放大 11.25 倍

四、吞吐模式原始油水分布

(一) 地层水分布可视化模型构建

开展裂缝微观可视化模型同一端–不同端注采实验，明确不同吞吐压差条件下 CO_2 气体在裂缝及基质中的波及特征、波及范围和采出程度，观察裂缝及裂缝周边流体渗流及分布规律。在饱和地层水的过程中以 3.5MPa 围压、3MPa 驱替压力、0.05mL/min 流速进行饱和，配置的地层水矿化度为 25000mg/L，并用甲基蓝（Methyl blue，$C_{37}H_{27}N_3Na_2O_9S_3$）对其进行染色，以便更好观察，图 3.17 ~ 图 3.20 是整个饱和地层水的实验过程，注采参数如表 3.3 所示。

图 3.17　饱和地层水前期（3MPa，2 倍，10h）

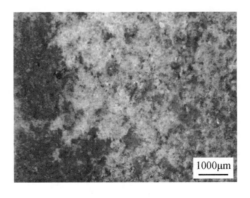

图 3.18　饱和地层水中期（3MPa，2 倍，20h）

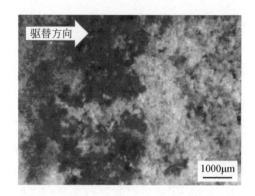

图 3.19　饱和地层水中后期（3MPa，2 倍，30h）

图 3.20　饱和地层水末期（3MPa，2 倍，40h）

表 3.3　饱和水注采参数

可视化薄片编号	渗透率/mD	注入压力/MPa	注入体积/PV	饱和时间/h	注入速度/（mL/min）	围压/MPa
3-1	0.2563	3	5	40	0.05	3.5
3-2	0.0541	3	5	45	0.05	3.5
3-3	0.0344	3	5	45	0.05	3.5
3-4	0.0452	3	5	43	0.05	3.5
3-5	0.0585	3	5	51	0.05	3.5
3-6	0.1567	3	5	46	0.05	3.5
3-7	0.1084	3	5	40	0.05	3.5
3-8	0.0958	3	5	45	0.05	3.5

续表

可视化薄片编号	渗透率/mD	注入压力/MPa	注入体积/PV	饱和时间/h	注入速度/ (mL/min)	围压/MPa
3-9	0.0866	3	5	43	0.05	3.5
3-10	0.0794	3	5	44	0.05	3.5

观察饱和水过程，可以直观地看到注入原始地层水后可视化薄片整体颜色变蓝。图 3.17 是饱和地层水前期（10h）的可视化薄片影像，地层水从注入端开始进入可视化薄片，优先沿着大孔道渗流，蓝色较浅且分布范围小，分布并不均匀。图 3.18 是饱和地层水中期（20h）的可视化薄片影像，随着饱和过程的推进，地层水继续沿着大孔道渗流，呈指状突进形式，并逐渐形成优势通道并向周边小孔隙喉道扩散。图 3.19 是饱和地层水中后期（30h）的可视化薄片影像，随着饱和的继续进行，地层水波及区域进一步增加，蓝色区域进一步扩散延伸，特别集中显示在可视化薄片左部区域，表明注入地层水主要沿左部高渗通道流动，然后逐渐波及至整个薄片区域。图 3.20 是饱和地层水末期（40h）的可视化薄片影像，此时整个区域内蓝色显示明显，深蓝色面积显著增大，直至深蓝色面积不在变化为止，表明此时地层水分布的可视化模型构建已完成。

为了更好地观察可视化薄片饱和地层水流动规律，将部分区域放大观察。图 3.21 ~ 图 3.24 分别为饱和地层水局部 2 倍、4 倍、8 倍、11.25 倍放大影像，可视化薄片整体颜色分布不均匀，蓝色深浅区分明显。这是因为地层水首先沿着大孔道渗流，呈指状突进形式，逐渐形成优势通道，随着饱和的继续进行，地层水波及区域进一步增加，蓝色区域进一步延伸，逐步向周边小孔隙喉道扩散，缓慢波及。同时，也存在部分死孔隙或者渗流能力差的孔隙喉道，此类通道地层水无法进入，整体颜色较浅。综上所述，饱和原始模拟地层水过程中，地层水先从较大孔隙喉道通过，进而逐步波及边缘的小孔隙喉道，最终建立薄片模型的原始地层水分布。

（二）饱和原油可视化模型构建

为了开展裂缝微观可视化模型同一端–不同端注采实验，明确不同吞吐压差条件下 CO₂ 气体在裂缝及基质中的波及特征、波及范围和采出程度，观察裂缝及裂缝周边流体渗流及分布规律。在饱和原油的过程中以 3.5MPa 围压、3MPa 驱替压力、0.05mL/min 流速饱和原油，原油黏度为 7.39mPa·s，用油红（Oil Red

图 3.21　饱和地层水局部区域放大 2 倍

图 3.22　饱和地层水局部区域放大 4 倍

图 3.23　饱和地层水局部区域放大 8 倍

图 3.24　饱和地层水局部区域放大 11.25 倍

O，$C_{26}H_{24}N_4O$）对原油进行染色，以便更好观察，图 3.25 ~ 图 3.28 是整个饱和原油实验过程，注采参数如表 3.4 所示。

图 3.25　饱和原油前期（3MPa，2 倍，10h）

图 3.26　饱和原油中期（3MPa，8 倍，20h）

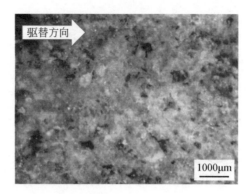

图 3.27　饱和原油后期（3MPa，4 倍，30h）

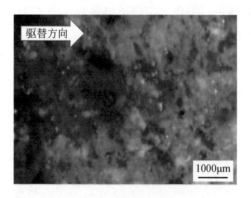

图 3.28　饱和原油末期（3MPa，11.25 倍，40h）

表 3.4　饱和原油注采参数

可视化薄片编号	渗透率/mD	注入压力/MPa	注入体积/PV	饱和时间/h	注入速度/（mL/min）	围压/MPa
3-1	0.2563	3	5	40	0.05	3.5
3-2	0.0541	3	5	45	0.05	3.5
3-3	0.0344	3	5	45	0.05	3.5
3-4	0.0452	3	5	43	0.05	3.5
3-5	0.0585	3	5	51	0.05	3.5
3-6	0.1567	3	5	46	0.05	3.5
3-7	0.1084	3	5	40	0.05	3.5
3-8	0.0958	3	5	45	0.05	3.5

可视化薄片编号	渗透率/mD	注入压力/MPa	注入体积/PV	饱和时间/h	注入速度/（mL/min）	围压/MPa
3-9	0.0866	3	5	43	0.05	3.5
3-10	0.0794	3	5	44	0.05	3.5

以可视化薄片 3-1 号样品为例，图 3.25 为饱和原油前期（10h）的可视化影像，原油在薄片中分布呈不规则长条带状，且分布不均匀，表明在饱和原油过程中原油优先进入大孔道，此时较小孔喉未被波及。图 3.26 为饱和原油中期（20h）的可视化影像，随着驱替的进行，原油逐渐波及延伸到较小孔喉，相较于前期红色区域提升明显。图 3.27 为饱和原油后期（30h）的可视化影像，此时影像整体显示为红色，但中间夹杂着不规则蓝色斑点状，呈现连续片状分布，颜色较浅，此时原油已经将可视化薄片中大部分地层水驱替走。图 3.28 为饱和原油末期（40h）的可视化影像，整个可视化薄片区域红色显著，颜色较深的为大孔道，颜色较浅的为小孔道，饱和原油完成后可以看到薄片孔喉分布不均匀，这体现出致密砂岩孔喉结构复杂、渗透率低、非均质性强的特点。

为了更好地观察可视化薄片饱和原油流动规律，将部分区域放大观察。图 3.29 ～图 3.32 分别为饱和油局部 2 倍、4 倍、8 倍、11.25 倍放大影像。原油主要从左下方通道进入，其形状呈不规则条带状且靠近左侧，以指状形式突进，随着驱替的进行，驱替前缘左侧被原油驱替后红色明显变深，驱替前缘带上的红色明显加深，整个驱替前缘呈现不规则带状表明模型孔喉分布较为复杂，驱替过程中原油优先沿着大孔、高渗通道流动。同时，纵观整个薄片发现各部位颜色深

图 3.29　饱和原油局部放大图（2 倍）

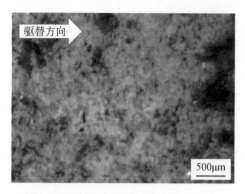

图 3.30　饱和原油局部放大图（4 倍）

图 3.31　饱和原油局部放大图（8 倍）

图 3.32　饱和原油局部放大图（11.25 倍）

浅存在差异，即反应出饱和原油分布位置的不均匀性，其中颜色较深部分对应大孔隙和高渗流通道，该部分饱和原油效果较好，而颜色较浅的位置则是部分死孔或者渗流能力差的孔隙喉道，该部分饱和原油效果较差。

第二节　CO_2 驱替模式的驱油与封存微观特征

一、气相 CO_2 驱油与封存特征

为了观察不同注入压力下气驱过程中气体沿裂缝的窜逸规律，明确气体在基质及裂缝中波及范围和采出程度，观察裂缝及裂缝周边流体渗流及分布规律。在建立完原始油水分布关系后进行不同注入压力下的 CO_2 驱替实验。微观可视化 CO_2 驱替实验过程以 4.5MPa 围压、4MPa 驱替压力、0.05mL/min 流速进行 CO_2 驱替，主要观测裂缝周边原油被 CO_2 驱替的效果和波及范围。选取 4-1 号样品微观可视化薄片进行注入压力为 4MPa 的 CO_2 驱替实验，图 3.33～图 3.36 为 4MPa 注入压力下的 CO_2 驱替实验，驱替实验注采参数见表 3.5。

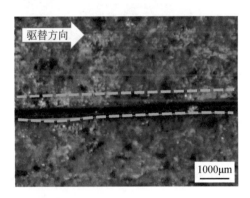

图 3.33　CO_2 驱替前期（4MPa，2 倍，10h）驱油效率 3%

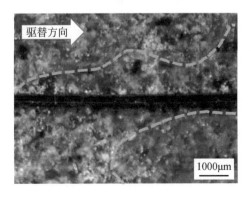

图 3.34　CO_2 驱替中期（4MPa，2 倍，20h）驱油效率 5%

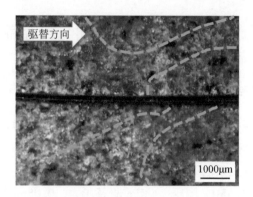

图 3.35　CO_2驱替后期（4MPa，2 倍，30h）驱油效率 6%

图 3.36　CO_2驱替末期（4MPa，2 倍，40h）驱油效率 8%

表 3.5　4MPa 压力 CO_2 驱替注采参数

可视化薄片编号	渗透率/mD	注入压力/MPa	注入体积/PV	驱替时间/h	速度/（mL/min）	围压/MPa
4-1	0.2175	4	4	40	0.05	4.5

　　图 3.33～图 3.36 为可视化薄片模型 4-1 号样品在 4MPa 注入压力下的气相 CO_2驱替阶段的可视化影像。综合分析发现，在整个驱替过程中，橙色线条圈定的范围为气相 CO_2波及区域，而深红色位置为剩余油。随着驱替时间的增加，裂缝边缘原油富集区域的颜色从驱替前期的深红色逐渐淡化为驱替末期的浅红色，同时观察到整体剩余油含量在不断地减少。在图 3.33 中，驱替前期（10h）可视化薄片影像整体颜色以深红色为主，少量浅红色主要分布在靠近裂缝边缘区域，

该区域的驱油效果较好，综合驱油效率为 3%。在图 3.34 中，驱替中期（20h）可视化薄片影像整体颜色以浅红色为主，夹杂部分剩余油富集的深红色区域，该阶段综合驱油效率为 5%。在图 3.35 中，驱替效果相较于中期进一步提高，红色区域进一步变浅，驱替边缘呈现不规则斑点状剩余油，整体 CO_2 驱油效果明显，驱油效率增至 6%。图 3.36 为驱替末期（40h）可视化影像，气相 CO_2 波及范围已达到最大值，影像整体呈现浅红色，仅在裂缝边缘两边存在散点状剩余油，此时驱油效率最高达到 8%。

为了更好地观察气驱过程中气体沿裂缝的窜逸规律，将部分区域进行放大观察。图 3.37 ~ 图 3.40 分别为局部放大 2 倍、4 倍、8 倍、11.25 倍的可视化薄片影像。注入 CO_2 气体优先沿着裂缝流动，初期还未波及远离裂缝的区域，在靠近裂缝边缘区域分布少量浅红色，在裂缝边缘两端富集大量深红色剩余油。随着驱替过程继续进行，CO_2 气体不断波及远离裂缝的区域，剩余油富集区的整体颜色逐渐变为浅红色，其中夹杂着散点状深红色。同时，裂缝放大后可以清楚看到裂缝周边岩石颗粒周围赋存的斑点状红色剩余油，这主要是由于致密砂岩孔喉结构分布强非均质性导致。综上所述，裂缝型双重介质可视化薄片模型在 4MPa 的 CO_2 注入压力下，CO_2 优先沿高渗裂缝流动，而后逐步扩散波及至远离裂缝边缘区域，驱替前缘带红色区域明显减少变浅，最终呈斑点状红色剩余油赋存在岩石颗粒周围，这部分对应死孔隙或渗流能力差的孔隙喉道，这体现出致密砂岩孔喉结构复杂、渗透率低、非均质性强的特点。

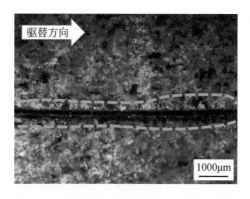

图 3.37　CO_2 驱替局部放大图（4MPa，2 倍）

在最大注入压力为 4MPa 的气相 CO_2 驱阶段，通过对可视化薄片模型 CO_2 驱油渗流路径和剩余油分布规律评价，可明确该压力系统下的 CO_2 微观地质封存特

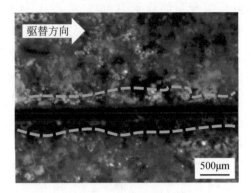

图 3.38　CO_2 驱替局部放大图（4MPa，4 倍）

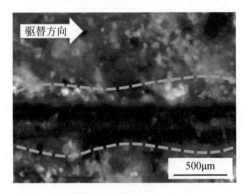

图 3.39　CO_2 驱替局部放大图（4MPa，8 倍）

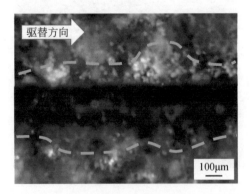

图 3.40　CO_2 驱替局部放大图（4MPa，11.25 倍）

征。综合分析可知，4MPa 气相 CO_2 驱波及形态驱替前期（10h）主要沿裂缝呈现狭窄的条带状分布，随着驱替时间的增加，CO_2 驱替前缘呈平直线向裂缝两侧横向扩展，以指状形式推进，微观渗流通道由狭窄的单一通道逐步转变为复杂树枝状渗流通道。该阶段一部分 CO_2 会随着原油流动至井筒并被采出散逸，另外一部分 CO_2 会在驱替形成的渗流通道内物理封存，微观地质封存空间主要为裂缝通道及树枝状微、纳米孔喉通道。

二、超临界 CO_2 驱油与封存特征

当压力高于 7.38MPa、温度高于 31.1℃时，CO_2 处于超临界状态，超临界 CO_2 能够较好地渗入微、纳米孔隙介质中与原油相互作用，具有降低原油界面张力和黏度、扩大原油体积、萃取原油轻质组分的能力。因此，注 CO_2 是提高油气采收率的有效方法之一。通过高温高压可视化裂缝型双重介质薄片模型明确超临界 CO_2 沿裂缝窜逸规律，评价超临界 CO_2 在基质及裂缝中波及范围、采出程度和地质封存特征。

最大注入压力设置为 8MPa（大于 7.38MPa），实验温度控制在 60℃，使 CO_2 达到超临界状态，此时对可视化裂缝型双重介质薄片模型开展 CO_2 驱油物理流动模拟实验，评价超临界 CO_2 气体在基质及裂缝中波及范围、采出程度和地质封存特征。该实验过程中，围压设定为 8.5MPa，流速为 0.05mL/min，回压设定为 7.2MPa，选取 4-2 号微观可视化薄片进行 8MPa 注入压力 CO_2 驱替实验，驱替实验注采参数见表 3.6。

表 3.6　8MPa 压力 CO_2 驱替注采参数

可视化薄片编号	渗透率/mD	注入压力/MPa	注入体积/PV	驱替时间/h	注入速度/（mL/min）	围压/MPa
4-2	0.1862	8	4	40	0.05	8.5

图 3.41 ~ 图 3.44 为可视化薄片模型 4-2 号样品在 8MPa 注入压力下的超临界 CO_2 驱替阶段的可视化影像。综合分析发现，整个驱替过程中橙色线条圈定的范围为超临界 CO_2 波及区域，影像中红色和蓝色分布范围广泛，界限相对明显。随着驱替时间的增加，裂缝边缘剩余油富集区域的颜色从驱替前期的深红色逐渐淡化为驱替末期的浅红色，同时影像整体剩余油含量在不断地减少，驱油效率在不断增加。在图 3.41 中，驱替前期（10h）可视化薄片影像整体颜色以深红色深蓝

色为主，靠近裂缝边缘区域的驱油效果较好，综合驱油效率为3%。在图3.42中，驱替中期（20h）可视化薄片影像整体颜色以深红色深蓝色为主，夹杂部分剩余油富集的不规则带状深红色区域，该阶段综合驱油效率为4%。在图3.43中，驱替边缘呈现不规则斑点状剩余油，整体 CO_2 驱油效果明显，驱油效率增至7%。在图3.44为驱替末期（40h）可视化影像，超临界 CO_2 波及范围已达到最大值，影像中下部整体呈现浅红色，仅在裂缝边缘两边存在散点状剩余油，此时驱油效率相较于气相 CO_2 驱油效率有所提高，升高至9%。

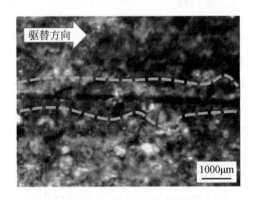

图3.41　CO_2 驱替前期（8MPa，2倍，10h）驱油效率3%

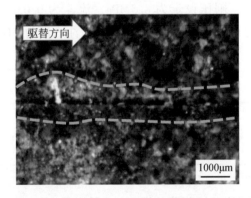

图3.42　CO_2 驱替中期（8MPa，2倍，20h）驱油效率4%

为了更好地观察气驱过程中气体沿裂缝窜逸规律，将部分区域进行放大观察。图3.45～图3.48分别为放大2倍、4倍、8倍、11.25倍的可视化薄片影像。注入前期 CO_2 流体优先沿着裂缝流动，在靠近裂缝边缘区域分布少量浅红色，在裂缝边缘两端富集大量深红色深蓝色，此时超临界 CO_2 未波及远离裂缝区

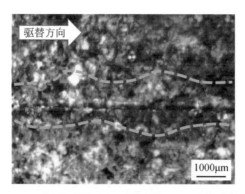

图 3.43　CO$_2$ 驱替后期（8MPa，2 倍，30h）驱油效率 7%

图 3.44　CO$_2$ 驱替末期（8MPa，2 倍，40h）驱油效率 9%

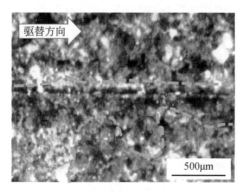

图 3.45　CO$_2$ 驱替局部放大图（8MPa，2 倍）

域。随着驱替过程进行，超临界 CO$_2$ 流体不断波及延伸至远离裂缝区域，剩余油富集区的颜色逐渐变为浅红色，地层水赋存区域逐渐变为浅蓝色。同时，裂缝放大后可以清楚地看到裂缝周边岩石颗粒周围赋存的斑点状红色剩余油和不规则连片状浅蓝色地层水。综上所述，裂缝型双重介质可视化薄片模型在 8MPa 超临界 CO_2 流体注入下，CO_2 优先沿高渗裂缝流动，而后逐步扩散波及至远离裂缝边缘区域，驱替前缘带红色、蓝色区域明显减少变浅、变淡，最终呈斑点状红色剩余油和不规则连片状蓝色地层水赋存在岩石颗粒周围。

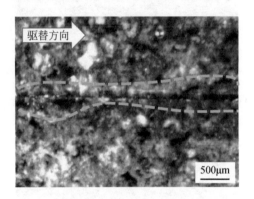

图 3.46　CO_2 驱替局部放大图（8MPa，4 倍）

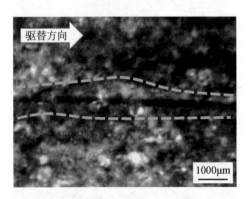

图 3.47　CO_2 驱替局部放大图（8MPa，8 倍）

超临界 CO_2 驱阶段，通过可视化薄片模型 CO_2 驱油渗流路径和剩余油分布规律进一步揭示 CO_2 的微观地质封存特征发现，超临界 CO_2 驱波及形态与 4MPa 的气相 CO_2 驱存在明显差异，其驱油渗流路径由较狭窄的条带状分布变为宽条带-连片状分布。从驱替前期（10h）到驱替末期（40h）过程来看，达到超临界状态的 CO_2 气体渗流范围更加均匀，波及范围更大，微观驱替通道范围及尺度进一步增加。因此，在该阶段 CO_2 主要在驱替形成的宽条带-连片状渗流区域内物理封存，微观地质封存空间较气相 CO_2 驱阶段更大。

图 3.48　CO_2 驱替局部放大图（8MPa，11.25 倍）

三、CO_2 非混相驱油与封存特征

在前期气相和超临界状态实验基础上，进一步增加 CO_2 注入压力，使其能够较好地渗入微、纳米孔隙介质中与原油发生相互作用，使其膨胀原油体积、降低原油黏度、萃取轻质组分等优势作用充分发挥。进一步观察增加 CO_2 注入压力条件下非混相 CO_2 气体沿裂缝窜逸规律，明确非混相 CO_2 气体在基质及裂缝中波及范围和原油动用程度，观察裂缝及裂缝周边流体渗流分布规律。

（一）12MPa 微观可视化驱油与封存

为了观察 12MPa 注入压力下非混相 CO_2 气体沿裂缝窜逸规律，明确非混相 CO_2 气体在基质及裂缝中的波及范围和原油动用程度，观察裂缝及裂缝周边流体渗流及分布规律。微观可视化裂缝型双重介质薄片模型非混相 CO_2 驱替实验以 12.5MPa 围压、12MPa 驱替压力、0.05mL/min 流速进行 CO_2 驱替，主要观测裂缝周边原油和 CO_2 驱替效果、波及范围和原油动用程度。选取 4-3 号样品微观可视化薄片进行 12MPa 压力 CO_2 驱替实验，驱替实验注采参数见表 3.7。

表 3.7　12MPa 压力 CO_2 驱替注采参数

可视化薄片编号	渗透率/mD	注入压力/MPa	注入体积/PV	驱替时间/h	注入速度/（mL/min）	围压/MPa
4-3	0.1985	12	4	40	0.05	12.5

图 3.49 ~ 图 3.52 为可视化薄片模型 4-3 号样品在 12MPa 注入压力下的非混

相 CO_2 驱替阶段的可视化影像。综合分析发现，整个驱替过程中橙色线条圈定的
范围为非混相 CO_2 波及区域，影像中红色和蓝色分布范围广泛但并不均匀，剩余
油地层水界限相对模糊，呈不规则条带状。随着驱替时间的增加，CO_2 驱替前缘
呈不规则条带状向裂缝两边缘区域呈指状形式延伸推进，同时影像整体剩余油含
量在不断地减少，驱油效率在不断增加。在图 3.49 中，驱替前期（10h）可视化
薄片影像整体颜色以深蓝色为主，裂缝两边缘富集剩余油，该区域的驱油效果较
好，综合驱油效率为 5%。在图 3.50 中，驱替中期（20h）可视化薄片影像整体
颜色以深红色、深蓝色为主，但剩余油相较于驱替前期有所减少，该阶段综合驱
油效率为 6%。在图 3.51 中，驱替边缘两侧剩余油明显减少，非混相 CO_2 逐渐波
及较小孔喉，红色分布范围缩减，整体 CO_2 驱油效果明显，驱油效率增至 8%。
图 3.52 为驱替末期（40h）可视化影像，非混相 CO_2 波及范围已达到最大值，整
个可视化薄片赋存部分剩余油，呈现红黑色斑点零散分布，此时驱油效率相较于
超临界 CO_2 驱油效率有所提高，升高至 10%。

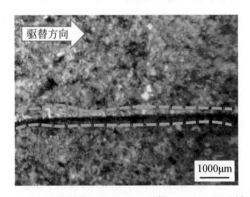

图 3.49　CO_2 驱替前期（12MPa，2 倍，10h）驱油效率 5%

图 3.50　CO_2 驱替中期（12MPa，2 倍，20h）驱油效率 6%

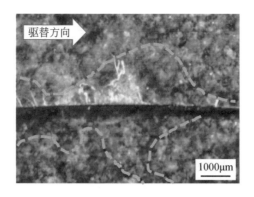

图 3.51　CO₂ 驱替后期（12MPa，2 倍，30h）驱油效率 8%

图 3.52　CO₂ 驱替完成（12MPa，2 倍，40h）驱油效率 10%

为了更好地观察非混相 CO_2 气体沿裂缝窜逸规律，将部分区域进行放大观察。图 3.53 ~ 图 3.56 分别为放大 2 倍、4 倍、8 倍、11.25 倍的可视化薄片影像。注入前期非混相 CO_2 流体优先沿着高渗通道裂缝流动，在靠近裂缝边缘区域分布少量浅红色和散点状蓝色地层水，此时非混相 CO_2 气体未波及远离裂缝区域。随着驱替过程的进行，非混相 CO_2 气体不断波及延伸至远离裂缝区域，剩余油富集区的颜色逐渐变为浅红色，地层水赋存区域逐渐变为丝状浅蓝色。同时，裂缝放大后可以清楚看到裂缝周边岩石颗粒周围赋存的斑点状红色剩余油和不规则蜂巢状浅蓝色地层水。综上所述，裂缝型双重介质可视化薄片模型在 12MPa 非混相 CO_2 气体注入下，CO_2 优先沿高渗通道裂缝流动，而后逐步扩散波及至远离裂缝边缘区域，驱替前缘带上的红色、蓝色区域明显减少，且变浅、变淡，最终呈斑点状红色剩余油和不规则蜂巢状蓝色地层水赋存在岩石颗粒周围。

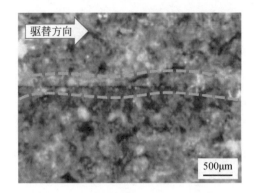

图 3.53　CO$_2$驱替局部放大图（12MPa，2 倍）

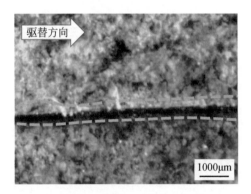

图 3.54　CO$_2$驱替局部放大图（12MPa，4 倍）

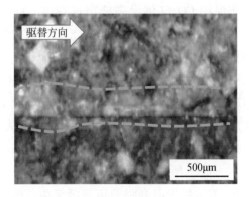

图 3.55　CO$_2$驱替局部放大图（12MPa，8 倍）

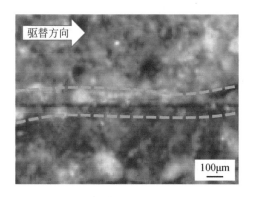

图 3.56　CO_2 驱替局部放大图（12MPa，11.25 倍）

（二）16MPa 微观可视化驱油与封存

非混相驱替主要依靠 CO_2 膨胀作用驱替原油，此外还伴随着 CO_2 萃取、抽提和溶解作用来辅助动用原油。在 16MPa（小于 19.4MPa）注入压力条件下观察非混相 CO_2 气体沿裂缝窜逸规律，明确非混相 CO_2 气体在基质及裂缝中的波及范围和原油动用程度，观察裂缝及裂缝周边流体渗流及分布规律。微观可视化裂缝型双重介质薄片模型非混相 CO_2 驱替实验以 16.5MPa 围压、16MPa 驱替压力、0.05mL/min 流速进行 CO_2 驱替，主要观测裂缝周边原油和 CO_2 驱替效果、波及范围和原油动用程度。选取 4-4 号样品微观可视化薄片进行 16MPa 压力 CO_2 驱替实验，驱替实验注采参数见表 3.8。

表 3.8　16MPa 压力 CO_2 驱替注采参数

可视化薄片编号	渗透率/mD	注入压力/MPa	注入体积/PV	驱替时间/h	注入速度/（mL/min）	围压/MPa
4-4	0.1753	16	4	24	0.05	16.5

图 3.57 ~ 图 3.60 为可视化薄片模型 4-4 号样品在 16MPa 注入压力下的非混相 CO_2 驱替阶段的可视化影像。综合分析发现，整个驱替过程中橙色线条圈定的范围为非混相 CO_2 波及区域，影像中红色分布范围广泛且较为均匀，剩余油在孔隙中赋存良好。随着驱替时间的增加，CO_2 驱替前缘呈光滑平整的条带状向裂缝两边缘区域横向（与驱替方向垂直）延伸推进，同时影像整体剩余油含量在不断减少，驱油效率在不断增加。在图 3.57 中，驱替前期（10h）可视化薄片影像

整体颜色以深红色为主，裂缝两边缘富集大片剩余油，综合驱油效率为5%。在图3.58中，驱替中期（20h）可视化薄片影像整体颜色以深红色为主，但剩余油相较于驱替前期有所减少，驱油效率增加显著，该阶段综合驱油效率为8%。在图3.59中，驱替边缘两侧剩余油明显减少，表明非混相CO_2逐渐扩散波及较小孔喉，红色分布范围缩减，整体CO_2驱油效果明显，驱油效率增至10%。图3.60为驱替末期（40h）可视化影像，非混相CO_2波及范围已达到最大值，整个可视化薄片赋存少量剩余油，呈红色斑点状零散分布，此时驱油效率相较于非混相12MPa注入压力的CO_2驱油效率有所提高，升高至11%。

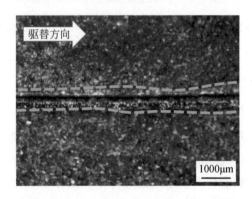

图3.57　CO_2驱替前期（16MPa，2倍，10h）驱油效率5%

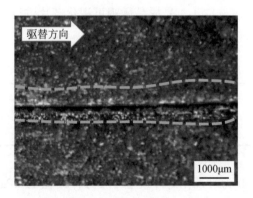

图3.58　CO_2驱替中期（16MPa，2倍，20h）驱油效率8%

为了更好地观察非混相CO_2气体沿裂缝窜逸规律，将部分区域进行放大观察。图3.61~图3.64分别为放大2倍、4倍、8倍、11.25倍的可视化薄片影像。非混相CO_2气体优先沿着高渗通道裂缝流动，在靠近裂缝边缘区域分布少量

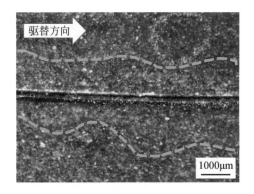

图 3.59 CO_2驱替后期（16MPa，2倍，30h）驱油效率10%

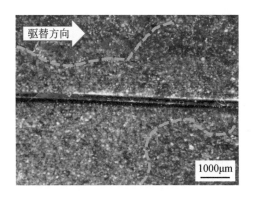

图 3.60 CO_2驱替末期（16MPa，2倍，40h）驱油效率11%

浅红色，初期还未波及远离裂缝区域，在裂缝边缘两端富集大量深红色剩余油。随着驱替过程的继续进行，非混相CO_2气体不断波及远离裂缝区域，剩余油富集区的整体颜色逐渐变为浅红色，其中夹杂着不规则丝状剩余油。同时，裂缝放大后可以清楚看到裂缝周边岩石颗粒周围赋存的不规则丝状剩余油，这主要是致密砂岩孔喉结构分布强非均质性导致。综上所述，裂缝型双重介质可视化薄片模型在16MPa的CO_2注入压力下，CO_2优先沿高渗裂缝流动，而后逐步扩散波及至远离裂缝边缘区域，驱替前缘带上红色区域明显减少变浅，最终呈不规则丝状剩余油赋存在岩石颗粒周围，这部分对应渗流能力差的小孔隙喉道，体现出致密砂岩孔喉结构复杂、非均质性强的特点。

在持续增加注入压力的非混相CO_2驱阶段，通过可视化薄片模型发现，随着压力的增加，CO_2驱油渗流路径及波及范围由狭窄的单一裂缝通道逐步转变为不

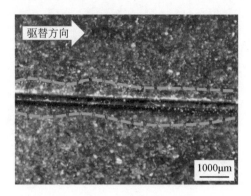

图 3.61　CO$_2$驱替局部放大图（16MPa，2 倍）

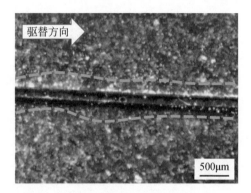

图 3.62　CO$_2$驱替局部放大图（16MPa，4 倍）

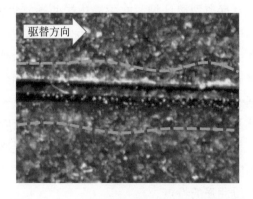

图 3.63　CO$_2$驱替局部放大图（16MPa，8 倍）

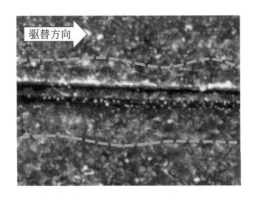

图 3.64　CO_2 驱替局部放大图（16MPa，11.25 倍）

规则宽条带状–连片状渗流通道，剩余油含量相比超临界及气相 CO_2 驱替阶段显著降低。从驱替前期（10h）到驱替末期（40h）过程来看，CO_2 驱替前缘呈曲线向裂缝两侧横向扩展，以指状形式推进，CO_2 扩散波及范围进一步增加，因此，在该阶段 CO_2 微观封存范围显著扩大，微观地质封存空间主要为裂缝通道及不规则宽条带状–连片状分布的微、纳米孔喉通道，CO_2 封存量可实现提升。

四、CO_2 混相驱油与封存特征

当 CO_2 注入压力大于最小混相压力（19.4MPa）时，CO_2 与原油形成混相，此时 CO_2 不仅可以降低原油黏度、萃取轻质组分、补充地层弹性能量，还可形成特殊的混相带，增强 CO_2–原油体系流动能力，有效提高 CO_2 波及体积和驱油效率。通过微观可视化裂缝型双重介质薄片模型混相 CO_2 驱替实验，明确混相 CO_2 气体在基质及裂缝中波及范围和原油动用程度，评价混相阶段 CO_2 驱油以及地质封存特征。微观可视化 CO_2 驱替过程是以 20MPa（大于 19.4MPa）驱替压力、20.5MPa 围压、0.05mL/min 流速进行。选取 4-5 号样品微观可视化薄片进行实验，驱替实验注采参数见表 3.9。

表 3.9　20MPa 压力 CO_2 驱替注采参数

可视化薄片编号	渗透率/mD	注入压力/MPa	注入体积/PV	驱替时间/h	注入速度/（mL/min）	围压/MPa
4-5	0.1753	20	4	40	0.05	20.5

图 3.65 ~ 图 3.68 为可视化薄片模型 4-5 号样品在 20MPa 注入压力下的混相

CO₂驱替阶段的可视化影像。综合分析发现，整个驱替过程中橙色线条圈定的范围为混相 CO_2 波及区域，影像中红色分布范围广泛且不均匀，剩余油在孔隙中赋存良好。随着驱替时间的增加，裂缝边缘原油富集区域的颜色从驱替前期的深红色逐渐淡化为驱替末期的浅红色，同时观察到整体剩余油含量在不断地减少。在图 3.65 中，驱替前期（10h）可视化薄片影像整体颜色以深红色为主，少量浅红色主要分布在靠近裂缝边缘区域，该区域的驱油效果较好，综合驱油效率为6%。在图 3.66 中，驱替中期（20h）可视化薄片影像整体颜色以深红色为主，裂缝驱替前缘带上剩余油相对富集，综合驱油效率为9%。在图 3.67 中，驱替效果相较于中期进一步提高，红色区域进一步变浅，混相 CO_2 逐渐扩散波及较小孔喉，整体 CO_2 驱油效果明显，驱油效率增至12%。图 3.68 为驱替末期（40h）可视化影像，CO_2 波及范围已达到最大值，影像整体呈现浅红色，此时驱油效率相较于气相注入压力为 4MPa 的驱油效率（8%、图 3.36）提高了5%，最高达到13%。

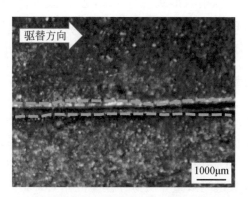

图 3.65　驱替前期（20MPa，2 倍，10h）驱油效率 6%

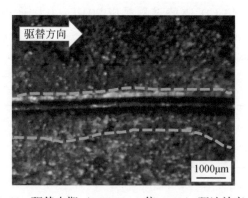

图 3.66　驱替中期（20MPa，2 倍，20h）驱油效率 9%

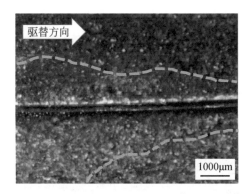

图 3.67　驱替后期（20MPa，2 倍，30h）驱油效率 12%

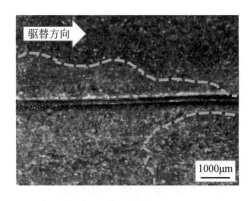

图 3.68　驱替末期（20MPa，2 倍，40h）驱油效率 13%

　　为了更好地观察混相 CO_2 气体沿裂缝窜逸规律，将部分区域进行放大观察。图 3.69 ~ 图 3.72 分别为放大 2 倍、4 倍、8 倍、11.25 倍的可视化薄片影像。混相 CO_2 气体优先沿着高渗裂缝流动，在靠近裂缝边缘区域分布少量浅红色，初期还未波及远离裂缝的区域，在裂缝驱替前缘两端富集不规则连片状剩余油。随着驱替过程继续进行，CO_2 驱替前缘呈光滑平整的条带状向裂缝两边缘区域横向（与驱替方向垂直）延伸推进，剩余油富集区的整体颜色逐渐变为浅红色。同时，裂缝放大后可以清楚看到裂缝周边岩石颗粒周围赋存的不规则丝状剩余油。综上所述，裂缝型双重介质可视化薄片模型在 20MPa 的 CO_2 注入压力下，混相 CO_2 优先沿高渗裂缝流动，而后快速横向波及至远离裂缝边缘形成混相驱替带，混相驱替带上红色区域明显减少变浅，最终呈不规则丝状剩余油赋存在岩石颗粒周围，这部分对应渗流能力差的小孔隙喉道，体现出致密砂岩孔喉结构复杂、非均质性强的特点。

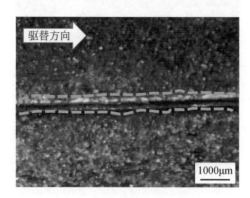

图 3.69　CO_2 驱替局部放大图（20MPa，2 倍）

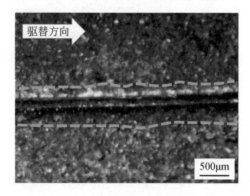

图 3.70　CO_2 驱替局部放大图（20MPa，4 倍）

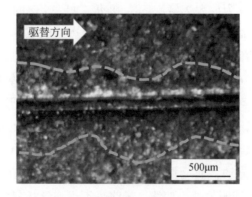

图 3.71　CO_2 驱替局部放大图（20MPa，8 倍）

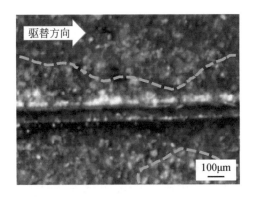

图 3.72　CO_2 驱替局部放大图（20MPa，11.25 倍）

进入 CO_2 混相驱阶段，CO_2 在原油中的溶解度进一步增大，并与原油形成混相，此时 CO_2 驱油渗流路径及波及范围均呈现大面积连片状分布，驱油效率达到最大值。从驱替前期（10h）到驱替末期（40h）过程中来看，CO_2 驱替前缘呈平直线向裂缝两侧横向扩展，以指状形式推进，CO_2 扩散波及范围达到最大值，随着驱替时间的增加，CO_2 驱油渗流路径及波及范围由不规则裂缝通道逐步转变为大面积连片状渗流通道，剩余油含量相比非混相、超临界及气相 CO_2 驱替阶段显著降低。因此，在该阶段 CO_2 微观封存范围显著扩大，CO_2 主要在裂缝通道及大面积连片状分布的微、纳米孔喉通道内物理封存，同时 CO_2 与地层水-岩石相互作用反应溶解实现化学封存，CO_2 封存量可实现大幅提升。

第三节　CO_2 吞吐模式的驱油与封存特征

在前期完成裂缝型双重介质 CO_2 驱替微观可视化物理模拟实验的基础上，进一步开展裂缝型双重介质 CO_2 吞吐微观可视化模型同一端-不同端注采实验，聚焦 CO_2 流体辅助动用原油及其在超临界点和最小混相压力处的相态变化、渗流路径和驱油效率特征，明确在致密砂岩油藏孔隙-裂缝型双重介质中的驱油与地质封存规律。实验设置注入压力为 20MPa，关闭注入端焖井 24h，焖井结束后控制出口端压力，使进出口压差由 4MPa 至 20MPa 共 5 个压力点，进一步明确同一端-不同端注采时可视化薄片影像中 CO_2 气体在基质中的波及范围、波及特征和原油动用程度。

一、气相 CO_2 吞吐驱油与地质封存

(一) 同一端注采吞吐模拟

为了开展不同裂缝微观可视模型同一端注采实验，明确不同吞吐压差条件下 CO_2 气体在基质及裂缝中的波及范围、波及特征和原油动用程度。在建立完原始油水分布模型后进行同一端注采吞吐模拟实验。微观可视化 CO_2 吞吐模拟实验以 20.5MPa 围压、20MPa 驱替压力、0.05mL/min 流速焖井憋压 24h，控制出口端的压力为 16MPa，使得进出口端压差为 4MPa 开展吞吐实验。选取 3-1 号裂缝型微观可视化薄片进行吞吐压差为 4MPa 的 CO_2 吞吐实验，吞吐实验注采参数见表 3.10。

表 3.10　同一端吞吐压差 4MPa 注采参数

薄片编号	渗透率/mD	注入压力/MPa	围压/MPa	速度/(mL/min)	焖井时间/h	出口端压力/MPa	吞吐压差/MPa
3-1	0.2563	20	20.5	0.05	24	16	4

图 3.73 ~ 图 3.76 为可视化薄片模型 3-1 号样品在 4MPa 吞吐压差条件下的气相 CO_2 吞吐阶段的可视化影像。综合分析发现，在整个吞吐过程中，橙色线条圈定的范围为气相 CO_2 吞吐波及区域，深红色区域为赋存剩余油。随着吞吐时间的增加，裂缝边缘剩余油富集区域的颜色从吞吐前期的深红色逐渐淡化为吞吐末期的浅红色，同时剩余油整体含量不断地减少。在图 3.73 中，吞吐前期 (1h) 可视化薄片影像整体颜色以深红色为主，少量浅红色主要集中在靠近裂缝边缘区域，该区域的驱油效果较好，吞吐驱油效率为 3%。在图 3.74 中，吞吐中期 (2h) 可视化薄片影像整体颜色以深红色为主，但浅红色区域相较于前期有所增加，吞吐驱油效率为 5%。在图 3.75 中，CO_2 吞吐前缘呈光滑平整的圆弧状向裂缝两边横向延伸推进，同时影像整体剩余油含量在不断地减少，红色区域进一步增多变浅，吞吐效率增至 7%。图 3.76 为吞吐末期 (4h) 可视化影像，气相 CO_2 波及范围已达到最大值，影像整体呈现浅红色，仅在裂缝吞吐前缘存在不规则连片状剩余油，此时驱油效率最高达到 10%。

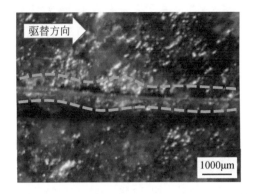

图 3.73　吞吐前期（2 倍，1h）驱油效率 3%

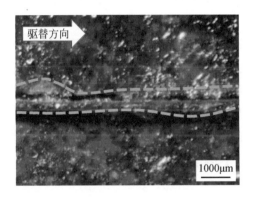

图 3.74　吞吐中期（2 倍，2h）驱油效率 5%

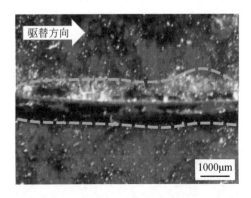

图 3.75　吞吐后期（2 倍，3h）驱油效率 7%

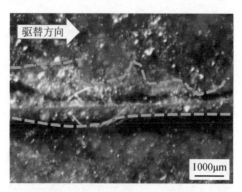

图 3.76　吞吐末期（2 倍，4h）驱油效率 10%

为了更好地观察吞吐过程中 CO_2 气体在基质中的波及范围、波及特征和动用程度，将部分区域进行放大观察。图 3.77 ~ 图 3.80 分别为放大 2 倍、4 倍、8 倍、11.25 倍的可视化薄片影像。注入 CO_2 气体优先沿着裂缝流动，将裂缝及其周边的原油置换出来，初期还未波及远离裂缝区域，在靠近裂缝边缘区域分布少量浅红色，在裂缝边缘两侧富集大量不规则带状剩余油。随着吞吐过程继续进行，CO_2 气体不断波及远离裂缝区域，剩余油富集区的整体颜色逐渐变为浅红色，其中夹杂着丝状深红色剩余油。同时，裂缝放大后可以清楚看到裂缝周边岩石颗粒周围赋存的斑点状红色剩余油和散点状蓝色束缚水，这主要是致密砂岩孔喉结构分布强非均质性导致。综上所述，裂缝型双重介质可视化薄片模型在 4MPa 的 CO_2 吞吐压差条件下，CO_2 优先沿高渗裂缝通道流动，而后逐步横向扩散波及至远离裂缝区域，驱替前缘带红色区域明显减少变浅，最终呈斑点状红色剩余油赋存在岩石颗粒周围，这部分对应死孔隙或渗流能力差的孔隙喉道，这体现出致密砂岩孔喉结构复杂、渗透率低、非均质性强的特点。

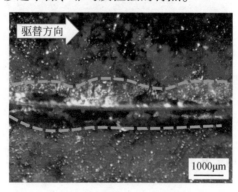

图 3.77　吞吐局部放大图（4MPa，2 倍）

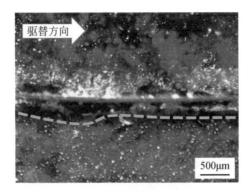

图 3.78 吞吐局部放大图 (4MPa, 4 倍)

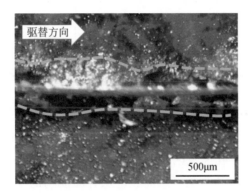

图 3.79 吞吐局部放大图 (4MPa, 8 倍)

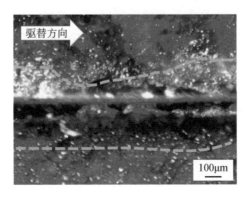

图 3.80 吞吐局部放大图 (4MPa, 11.25 倍)

（二）不同端注采吞吐模拟

为了开展裂缝型微观可视化模型不同端注采吞吐模拟实验，明确不同端注采在 4MPa 吞吐压差条件下 CO_2 气体在基质及裂缝中的波及范围、波及特征和原油动用程度。在建立完原始油水分布模型后，进行不同端注采吞吐模拟实验。微观可视化 CO_2 吞吐模拟实验以 20.5MPa 围压、20MPa 驱替压力、0.05mL/min 流速焖井憋压 24h，控制出口端的压力为 16MPa，使得进出口端压差为 4MPa 开展吞吐实验。选取 3-2 号样品裂缝型微观可视化薄片进行吞吐压差为 4MPa 的不同端 CO_2 吞吐注采实验，吞吐注采实验参数见表 3.11。

表 3.11　不同端吞吐压差 4MPa 注采参数

薄片编号	渗透率/mD	注入压力/MPa	围压/MPa	速度/(mL/min)	焖井时间/h	出口端压力/MPa	吞吐压差/MPa
3-2	0.0541	20	20.5	0.05	24	16	4

图 3.81 ~ 图 3.84 为可视化薄片模型 3-2 号样品在 4MPa 吞吐压差条件下的气相 CO_2 吞吐阶段的可视化影像。综合分析发现，整个吞吐过程中橙色线条圈定的区域为气相 CO_2 吞吐波及区域，深红色区域为赋存剩余油。随着吞吐时间的增加，裂缝边缘剩余油富集区域的颜色从吞吐前期的深红色逐渐淡化为吞吐末期的浅红色，同时剩余油整体含量不断减少，吞吐驱油效率不断升高。在图 3.81 中，吞吐前期（1h）可视化薄片影像整体颜色以深红色、黑色为主，少量浅红色呈丝状集中分布在靠近裂缝边缘区域，该区域的驱油效果较好，吞吐驱油效率为 5%。在图 3.82 中，吞吐中期（2h）可视化薄片影像整体颜色以深红色、黑色为主，但浅红色区域相较于前期有所增加，呈不规则丝带状分布，该阶段吞吐驱油效率为 8%。在图 3.83 中，CO_2 吞吐前缘呈光滑的弧状曲线向裂缝两边横向推进延伸，同时影像红色区域颜色进一步变浅，整体剩余油含量在不断地减少，吞吐效率增至 10%。图 3.84 为吞吐末期（4h）可视化影像，气相 CO_2 吞吐波及范围已达到最大值，影像浅红色区域面积不在变化，此时驱油效率相比于 4MPa 同一端吞吐注采驱油效率提高了 3%，升高至 13%。

图 3.81　吞吐前期（2倍，1h）驱油效率5%

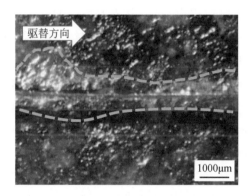

图 3.82　吞吐中期（2倍，2h）驱油效率8%

图 3.83　吞吐中期（2倍，3h）驱油效率10%

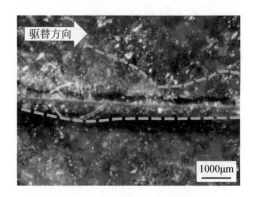

图 3.84 吞吐末期 (2 倍, 4h) 驱油效率 13%

为了更好地观察吞吐过程中 CO_2 气体在基质中的波及范围、波及特征和动用程度, 现将部分区域进行放大观察。图 3.85 ~ 图 3.88 分别为放大 2 倍、4 倍、8 倍、11.25 倍的可视化薄片影像。注入 CO_2 气体优先沿着高渗裂缝通道流动, 将裂缝及其周边较大孔喉的原油置换出来, 初期还未波及远离裂缝的区域, 在靠近裂缝边缘区域分布少量丝带状剩余油, 在裂缝边缘两侧富集大量不规则条带状剩余油。随着吞吐过程继续进行, CO_2 气体不断波及远离裂缝区域, 剩余油富集区的整体颜色逐渐变为浅红色, 其中夹杂着丝状深红色剩余油和黑色岩石颗粒。同时, 裂缝放大后可以清楚看到裂缝两边黑色岩石颗粒周围赋存的斑点状红色剩余油, 这主要是致密砂岩孔喉结构分布强非均质性导致。综上所述, 裂缝型双重介质可视化薄片模型在 4MPa 吞吐压差、不同注采端 CO_2 吞吐条件下, CO_2 优先沿高渗裂缝通道流动, 而后逐步横向扩散波及至远离裂缝区域, 该阶段吞吐波及区域相较于同一注采端有所扩大, 驱油效率相对较高, 总体提升了 3% 。

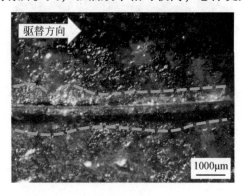

图 3.85 吞吐局部放大图 (4MPa, 2 倍)

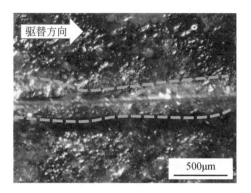

图 3.86　吞吐局部放大图（4MPa，4 倍）

图 3.87　吞吐局部放大图（4MPa，8 倍）

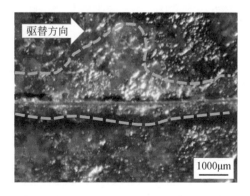

图 3.88　吞吐局部放大图（4MPa，11.25 倍）

在最大吞吐压力为 4MPa 的气相 CO_2 吞吐驱油阶段，通过对可视化薄片模型 CO_2 吞吐驱油渗流路径和剩余油分布规律评价，可明确该压力系统下的 CO_2 微观地质封存特征。综合分析可知，4MPa 气相 CO_2 驱吞吐波及形态前期（1h）主要沿裂缝呈狭窄的条带状分布，随着吞吐时间的增加，CO_2 吞吐前缘呈圆弧线向裂缝两侧横向扩展，以指状形式推进，微观渗流通道由狭窄的单一裂缝通道逐步转变为不规则条带状渗流通道。该阶段一部分 CO_2 会随着原油流动至井筒并被采出散逸，另一部分 CO_2 会在驱替形成的渗流通道内物理封存，微观地质封存空间主要为裂缝通道及不规则条带状微、纳米孔喉通道。

二、超临界 CO_2 吞吐驱油与地质封存

（一）同一端注采吞吐模拟

开展裂缝微观可视模型同一端注采实验，明确在不同吞吐压差条件下超临界 CO_2 流体在基质及裂缝中的波及范围、波及特征和原油动用程度。在建立完原始油水分布模型后，进行同一端注采吞吐模拟实验。微观可视化 CO_2 吞吐模拟实验以 20.5MPa 围压、20MPa 驱替压力、0.05mL/min 流速焖井憋压 24h，控制出口端的压力为 12MPa，使得进出口端压差为 8MPa 开展吞吐实验。选取 3-3 号样品裂缝型微观可视化薄片进行吞吐压差为 4MPa，同一端注采 CO_2 吞吐实验，吞吐实验注采参数见表 3.12。

表 3.12　同一端吞吐压差 8MPa 注采参数

薄片编号	渗透率/mD	注入压力/MPa	围压/MPa	速度/(mL/min)	焖井时间/h	出口端压力/MPa	吞吐压差/MPa
3-3	0.0344	20	20.5	0.05	24	12	8

图 3.89 ~ 图 3.92 为可视化薄片模型 3-3 号样品在 8MPa 吞吐压差，同一端注采条件下的超临界 CO_2 吞吐阶段的可视化影像。综合分析发现，整个吞吐过程中橙色线条圈定的区域为超临界 CO_2 吞吐波及区域，深红色区域为赋存剩余油。随着吞吐时间的增加，裂缝边缘富集的斑点状深红色剩余油从吞吐前期到吞吐末期逐渐减少，同时吞吐前缘带不断向裂缝两侧波及延伸，吞吐驱油效率不断升高。在图 3.89 中，吞吐前期（1h）可视化薄片影像整体颜色以深红色为主，少量浅红色呈连片状集中分布在靠近裂缝边缘区域，该区域的驱油效果较好，吞吐驱油

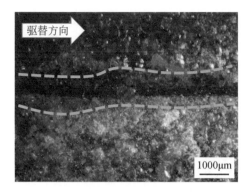

图 3.89　吞吐前期（2 倍，1h）驱油效率 4%

图 3.90　吞吐中期（4 倍，2h）驱油效率 7%

图 3.91　吞吐后期（4 倍，3h）驱油效率 9%

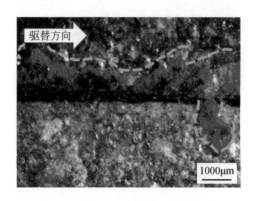

图3.92　吞吐末期（4倍，4h）驱油效率11%

效率为4%。在图3.90中，吞吐中期（2h）可视化薄片影像整体颜色以深红色为主，但浅红色区域相较于前期有所增加，呈不规则丝带状分布，该阶段吞吐驱油效率为7%。在图3.91中，CO_2吞吐前缘呈光滑的弧状曲线向裂缝两边横向推进波及延伸，同时影像红色区域颜色进一步变浅，整体剩余油含量在不断减少，吞吐效率增至9%。图3.92为吞吐末期（4h）可视化影像，超临界CO_2吞吐波及范围已达到最大值，影像浅红色区域面积不在变化，此时驱油效率相比于4MPa同一端吞吐注采驱油效率提高了1%，升高至11%。

　　为了更好地观察吞吐过程中CO_2气体在基质中的波及范围、波及特征和动用程度，将部分区域进行放大观察。图3.93~图3.96分别为放大2倍、4倍、8倍、11.25倍的可视化薄片影像。注入的超临界CO_2流体优先沿着高渗裂缝通道流动，将裂缝及其周边较大孔喉的原油置换出来，初期还未波及远离裂缝的区域，在靠近裂缝边缘区域分布着斑点状剩余油，在裂缝边缘两侧富集大量不规则条带状剩余油。随着吞吐过程的继续进行，超临界CO_2流体不断波及远离裂缝的区域，剩余油富集区的整体颜色逐渐变为浅红色，其中夹杂着丝状深红色剩余油。同时，裂缝放大后可以清楚地看到裂缝两边岩石颗粒周围赋存的斑点状红色剩余油，这主要是致密砂岩孔喉结构分布复杂、强非均质性导致。综上所述，裂缝型双重介质可视化薄片模型在8MPa吞吐压差、同一注采端CO_2吞吐条件下，CO_2优先沿高渗裂缝通道流动，而后逐步横向扩散波及至远离裂缝区域，该阶段吞吐波及区域相较于在4MPa吞吐压差阶段有所扩大，驱油效率相对较高。

图3.93　吞吐局部放大图（8MPa，2倍）

图3.94　吞吐局部放大图（8MPa，4倍）

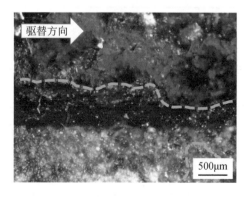

图3.95　吞吐局部放大图（8MPa，8倍）

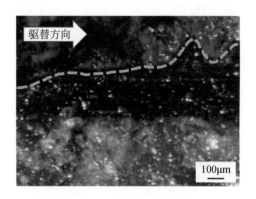

图 3.96　吞吐局部放大图（8MPa，11.25 倍）

（二）不同端注采吞吐模拟

开展裂缝型微观可视化模型不同端注采吞吐模拟实验，明确不同端注采在 8MPa 吞吐压差条件下超临界 CO_2 流体在基质及裂缝中的波及范围、波及特征和原油动用程度。在建立完原始油水分布模型后进行不同端注采吞吐模拟实验。微观可视化 CO_2 吞吐模拟实验以 20.5MPa 围压、20MPa 驱替压力、0.05mL/min 流速焖井憋压 24h，控制出口端的压力为 12MPa，使得进出口端压差为 8MPa 开展吞吐实验。选取 3-4 号样品裂缝型微观可视化薄片进行吞吐压差为 8MPa 的不同端超临界 CO_2 吞吐注采实验，吞吐注采实验参数见表 3.13。

表 3.13　不同端吞吐压差 8MPa 注采参数

薄片编号	渗透率/mD	注入压力/MPa	围压/MPa	速度/(mL/min)	焖井时间/h	出口端压力/MPa	吞吐压差/MPa
3-4	0.0452	20	20.5	0.05	24	12	8

图 3.97 ~ 图 3.100 为可视化薄片模型 3-4 号样品在 8MPa 吞吐压差，不同端注采条件下的超临界 CO_2 吞吐阶段的可视化影像。综合分析发现，整个吞吐过程中橙色线条圈定的区域为超临界 CO_2 吞吐波及区域，深红色区域为赋存剩余油。随着吞吐时间的增加，裂缝边缘富集的斑点状深红色剩余油从吞吐前期到吞吐末期逐渐减少，同时吞吐前缘带相较于气相 CO_2 吞吐阶段不断向裂缝两侧波及延伸，吞吐驱油效率不断升高。在图 3.97 中，吞吐前期（1h）可视化薄片影像整体颜色以红色为主，少量浅红色呈不规则丝状集中分布在靠近裂缝边缘区域，该

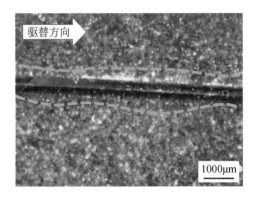

图 3.97　吞吐前期（2 倍，1h）驱油效率 6%

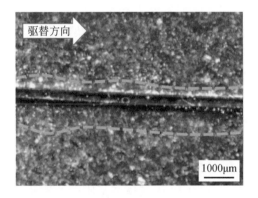

图 3.98　吞吐中期（2 倍，2h）驱油效率 9%

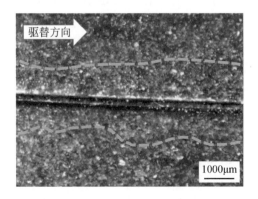

图 3.99　吞吐后期（2 倍，3h）驱油效率 12%

图 3.100　吞吐末期（2 倍，4h）驱油效率 14%

区域的驱油效果较好，吞吐驱油效率为 6%。在图 3.98 中，吞吐中期（2h）可视化薄片影像整体颜色以红色为主，但浅红色区域相较于吞吐前期有所增加，呈不规则丝带状分布，该阶段吞吐驱油效率为 9%。在图 3.99 中，CO_2 吞吐前缘带呈光滑曲线向裂缝两边横向推进波及，同时影像浅色区域颜色进一步增加，整体剩余油含量在不断地减少，吞吐效率增至 12%。图 3.100 为吞吐末期（4h）可视化影像，超临界 CO_2 吞吐波及范围已达到最大值，影像浅色区域面积不在变化，此时驱油效率相比于气相吞吐 4MPa 压差下不同端注采驱油效率（13%，图 3.84）提高了 1%，升高至 14%。

　　为了更好地观察吞吐过程中 CO_2 气体在基质中的波及范围、波及特征和动用程度，现将部分区域进行放大观察。图 3.101 ~ 图 3.104 分别为放大 2 倍、4 倍、8 倍、11.25 倍的可视化薄片影像。注入的超临界 CO_2 流体优先沿着高渗裂缝通道流动，将裂缝及其周边较大孔喉的原油置换出来，吞吐初期还未波及远离裂缝的区域，在靠近裂缝边缘区域分布着斑点状剩余油，在裂缝边缘两侧富集大量不规则条带状剩余油。随着吞吐过程的继续进行，超临界 CO_2 流体不断波及远离裂缝的区域，剩余油富集区的整体颜色逐渐变为浅红色，其中夹杂着丝状片状深红色剩余油。同时，裂缝放大后可以清楚地看到裂缝两边岩石颗粒周围赋存的斑点状红色剩余油，这主要是致密砂岩孔喉结构分布复杂、强非均质性导致。综上所述，裂缝型双重介质可视化薄片模型在 8MPa 吞吐压差、不同注采端 CO_2 吞吐条件下，CO_2 优先沿高渗裂缝通道流动，而后吞吐前缘带逐步横向扩散波及至远离裂缝区域，该阶段吞吐波及区域相较于在 8MPa 吞吐压差、同一注采端 CO_2 吞吐阶段有所扩大，驱油效率提高 3%。

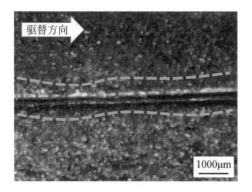

图 3.101　吞吐局部放大图 (8MPa, 2 倍)

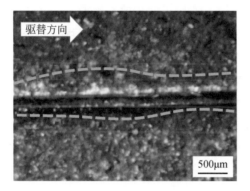

图 3.102　吞吐局部放大图 (8MPa, 4 倍)

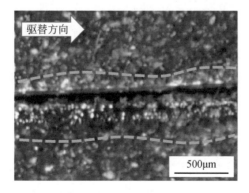

图 3.103　吞吐局部放大图 (8MPa, 8 倍)

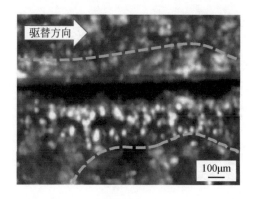

图 3.104　吞吐局部放大图（8MPa，11.25 倍）

超临界 CO_2 吞吐阶段，通过可视化薄片模型 CO_2 吞吐驱油渗流路径和剩余油分布规律进一步揭示 CO_2 的微观地质封存特征发现，超临界 CO_2 吞吐驱波及形态与 4MPa 的气相 CO_2 吞吐存在明显差异，其驱油渗流路径由不规则条带状分布变为宽条带状分布。从吞吐前期（1h）到吞吐末期（4h）过程来看，达到超临界状态的 CO_2 气体渗流范围更加均匀，波及范围更大，微观驱替通道范围及尺度进一步增加。因此，在该阶段 CO_2 主要在吞吐形成的条带状–宽条带状渗流区域内物理封存，同时 CO_2 与地层水–岩石相互作用反应溶解实现化学封存，微观地质封存空间较气相 CO_2 吞吐驱油阶段更大。

三、CO_2 非混相吞吐驱油与封存特征

在前期气相和超临界状态实验基础上，进一步增加 CO_2 吞吐压力，使其能够较好地渗入微、纳米孔隙介质中与原油发生相互作用，使其膨胀原油体积、降低原油黏度、萃取轻质组分等优势作用充分发挥。进一步观察增加 CO_2 吞吐压力条件下非混相 CO_2 气体沿裂缝窜逸规律，明确非混相 CO_2 气体在基质及裂缝中波及范围和原油动用程度，观察裂缝及裂缝周边流体渗流分布规律。

（一）12MPa 同一端注采吞吐模拟

观察 12MPa 吞吐压力下非混相 CO_2 气体沿裂缝窜逸规律，明确非混相 CO_2 气体在基质及裂缝中的波及范围和原油动用程度，观察裂缝及裂缝周边流体渗流及分布规律。微观可视化裂缝型双重介质薄片模型非混相 CO_2 驱替实验以 20.5MPa 围压、20MPa 吞吐压力、0.05mL/min 流速进行 CO_2 吞吐，焖井憋压 24h，同时控制出口端的压力为 8MPa，使得进出口端压差为 12MPa 开展吞吐实验。主要观测裂缝周边原油和 CO_2 驱替效果、波及范围和原油动用程度。选取 3-5 号样品微观可视化薄片进行 12MPa 吞吐压差、同一注采端的 CO_2 吞吐实验，吞吐实验注采参数见表 3.14。

表 3.14　同一端吞吐压差 12MPa 注采参数

薄片编号	渗透率/mD	注入压力/MPa	围压/MPa	速度/(mL/min)	焖井时间/h	出口端压力/MPa	吞吐压差/MPa
3-5	0.0585	20	20.5	0.05	24	8	12

图 3.105 ~ 图 3.108 为可视化薄片模型 3-5 号样品在 12MPa 吞吐压差，同一端注采条件下的非混相 CO_2 吞吐阶段的可视化影像。综合分析发现，整个吞吐过程中橙色线条圈定的区域为非混相 CO_2 吞吐波及区域，深红色区域为赋存剩余油。随着吞吐时间的增加，裂缝边缘富集的不规则丝状深红色剩余油从吞吐前期到吞吐末期逐渐减少，同时吞吐前缘带不断向裂缝两侧波及延伸，影像整体剩余油含量不断减少，吞吐驱油效率不断升高。图 3.105 为吞吐前期（1h）可视化薄片影像，整体以不规则丝状深红色剩余油为主，少量浅红色呈连片状集中分布在靠近裂缝边缘区域，该区域的驱油效果较好，吞吐驱油效率为 5%。图 3.106 为吞吐中期（2h）可视化薄片影像，整体颜色以深红色为主，但浅红色区域相较于前期有所增加，呈不规则丝带状分布，该阶段吞吐驱油效率为 9%。图 3.107 为吞吐后期（3h）可视化薄片影像，CO_2 吞吐前缘呈光滑的平直线向裂缝两边横向推进波及延伸，同时影像整体红色区域颜色进一步变浅，整体剩余油含量在不

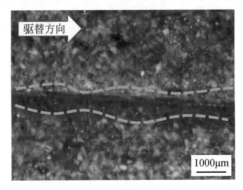

图 3.105　吞吐前期（2 倍，1h）驱油效率 5%

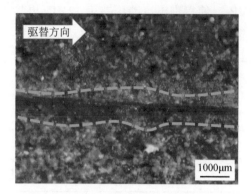

图 3.106　吞吐中期（2 倍，2h）驱油效率 9%

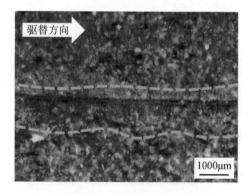

图 3.107　吞吐后期（2 倍，3h）驱油效率 11%

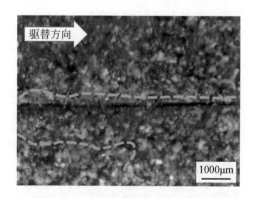

图 3.108　吞吐末期（2 倍，4h）驱油效率 13%

断的减少，吞吐效率增至 11%。图 3.108 为吞吐末期（4h）可视化影像，非混相 CO_2 吞吐波及范围已达到最大值，影像浅红色区域面积不在变化，此时驱油效率相比于 8MPa 同一端吞吐注采驱油效率提高了 2%，升高至 13%。

为了更好地观察吞吐过程中 CO_2 气体在基质中的波及范围、波及特征和动用程度，将部分区域进行放大观察。图 3.109～图 3.112 分别为放大 2 倍、4 倍、8 倍、11.25 倍的可视化薄片影像。注入的非混相 CO_2 流体优先沿着高渗裂缝通道流动，将裂缝及其周边较大孔喉的原油置换出来，初期还未波及远离裂缝的区域，在靠近裂缝边缘区域分布着不规则网状剩余油，在裂缝边缘两侧富集大量不规则条带状剩余油。随着吞吐过程的继续进行，非混相 CO_2 流体不断波及远离裂缝的区域，剩余油富集区的整体颜色逐渐变为浅红色，其中夹杂着丝状深红色剩余油。同时，裂缝放大后可以清楚看到裂缝两边黑色岩石颗粒周围赋存的不规则丝状红色剩余油，这主要是由于致密砂岩孔喉结构分布复杂、强非均质性导致。

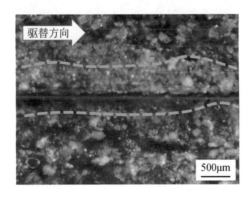

图 3.109 吞吐局部放大图（12MPa，2 倍）

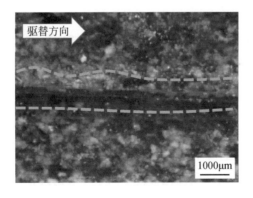

图 3.110 吞吐局部放大图（12MPa，4 倍）

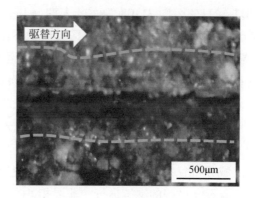

图 3.111　吞吐局部放大图（12MPa，8 倍）

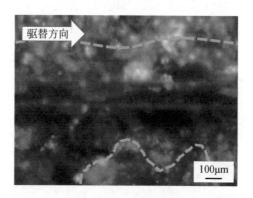

图 3.112　吞吐局部放大图（12MPa，11.25 倍）

综上所述，裂缝型双重介质可视化薄片模型在 12MPa 吞吐压差、同一注采端 CO_2 吞吐条件下，CO_2 优先沿高渗裂缝通道流动，而后吞吐前缘带逐步横向扩散波及至远离裂缝区域，但还有部分渗流能力差、非均质性强的孔隙喉道，该部分剩余油动用程度不高，该阶段吞吐波及区域相较于在 8MPa 吞吐压差同一注采端吞吐阶段有所扩大，驱油效率相对较高。

（二）12MPa 不同端注采吞吐模拟

观察 12MPa 吞吐压力不同注采端的非混相 CO_2 气体沿裂缝窜逸规律，明确非混相 CO_2 气体在基质及裂缝中的波及范围和原油动用程度，观察裂缝及裂缝周边流体渗流及分布规律。微观可视化裂缝型双重介质薄片模型非混相 CO_2 驱替实验以 20.5MPa 围压、20MPa 吞吐压力、0.05mL/min 流速进行 CO_2 吞吐，焖井憋压

24h，同时控制出口端的压力为 8MPa，使得进出口端压差为 12MPa 开展吞吐实验。主要观测裂缝周边原油和 CO_2 驱替效果、波及范围和原油动用程度。选取 3-6 号样品微观可视化薄片进行 12MPa 吞吐压差、不同注采端的 CO_2 吞吐模拟实验，吞吐实验注采参数见表 3.15。

表 3.15　不同端吞吐压差 12MPa 注采参数

薄片编号	渗透率/mD	注入压力/MPa	围压/MPa	速度/(mL/min)	焖井时间/h	出口端压力/MPa	吞吐压差/MPa
3-6	0.1567	20	20.5	0.05	24	8	12

图 3.113 ~ 图 3.116 为可视化薄片模型 3-6 号样品在 12MPa 吞吐压差，不同注采端条件下的非混相 CO_2 吞吐阶段的可视化影像。综合分析发现，整个吞吐过程中橙色线条圈定的区域为非混相 CO_2 吞吐波及区域，深红色区域为赋存剩余油。随着吞吐时间的增加，裂缝边缘富集的不规则连片状深红色剩余油从吞吐前期到吞吐末期逐渐减少，同时吞吐前缘带不断向裂缝两侧波及延伸，影像整体剩余油含量不断减少，吞吐驱油效率不断升高。图 3.113 为吞吐前期（1h）可视化薄片影像，整体以不规则连片状深红色剩余油分布为主，少量浅红色呈连片状集中分布在靠近裂缝边缘区域，该区域的驱油效果较好，吞吐驱油效率为 7%。图 3.114 为吞吐中期（2h）可视化薄片影像，整体颜色以深红色为主，但浅红色区域相较于前期有所增加，吞吐前缘带进一步向裂缝两侧推进，该阶段吞吐驱油效率为 10%。图 3.115 为吞吐后期（3h）可视化薄片影像，CO_2 吞吐前缘呈光滑的曲线向裂缝两边继续横向推进波及延伸，同时影像整体红色区域颜色进一步变浅，整体剩余油含量在不断减少，吞吐效率增至 13%。图 3.116 为吞吐末期

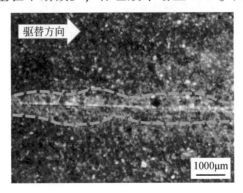

图 3.113　吞吐前期（2 倍，1h）驱油效率 7%

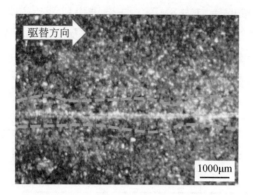

图 3.114　吞吐中期（2 倍，2h）驱油效率 10%

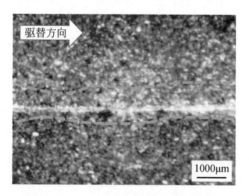

图 3.115　吞吐后期（2 倍，3h）驱油效率 13%

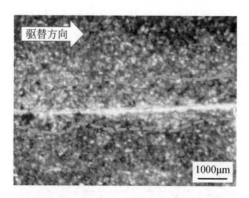

图 3.116　吞吐末期（2 倍，4h）驱油效率 16%

（4h）可视化影像，非混相 CO_2 吞吐前缘带波及范围已达到最大值，影像浅红色区域面积基本不在变化，此时驱油效率相比于 8MPa 不同注采端吞吐驱油效率提高了 2%，升高至 16%。

为了更好地观察吞吐过程中非混相 CO_2 气体在基质中的波及范围、波及特征和动用程度，将部分区域进行放大观察。图 3.117~图 3.120 分别为放大 2 倍、4 倍、8 倍、11.25 倍的可视化薄片影像。注入的非混相 CO_2 流体优先沿着高渗裂缝通道流动，将裂缝及其周边较大孔喉的原油置换出来，初期难以波及远离裂缝的区域的剩余油，在靠近裂缝边缘区域分布着不规则丝状剩余油，在裂缝边缘两侧富集大片不规则条连片状剩余油。随着吞吐过程继续进行，非混相 CO_2 流体不断波及远离裂缝的区域，剩余油富集区的整体颜色由吞吐前期的红色逐渐变为吞吐末期的浅色，吞吐前缘带上部分区域还夹杂着丝状深红色剩余油，这主要是致

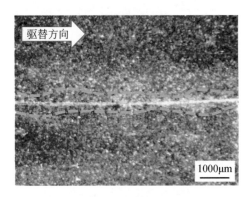

图 3.117　吞吐局部放大图（12MPa，2 倍）

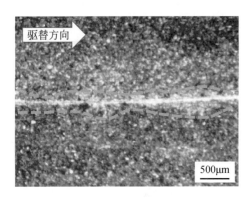

图 3.118　吞吐局部放大图（12MPa，4 倍）

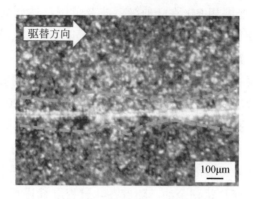

图 3.119　吞吐局部放大图（12MPa，8 倍）

图 3.120　吞吐局部放大图（12MPa，11.25 倍）

密砂岩孔喉结构分布强非均质性导致，使得非混相 CO_2 较难吞吐波及距离裂缝较远的孔隙喉道内。同时，裂缝放大后可以清楚看到裂缝两边黑色岩石颗粒周围赋存的斑点状红色剩余油。综上所述，裂缝型双重介质可视化薄片模型在 12MPa 吞吐压差、不同注采端 CO_2 吞吐条件下，CO_2 优先沿高渗裂缝快速通过，带走裂缝内和裂缝边缘的原油，而后吞吐前缘带逐步横向扩散波及至远离裂缝区域，但还有部分渗流能力差、非均质性强的孔隙喉道，该部分剩余油动用程度不高，该阶段吞吐波及区域相较于在 8MPa 吞吐压差不同注采端吞吐阶段有所扩大，驱油效率进一步提高。

（三）16MPa 同一端注采吞吐模拟

非混相驱替主要依靠 CO_2 膨胀作用驱替原油，此外还伴随着 CO_2 萃取、抽提和溶解作用来辅助动用原油。通常，当 CO_2 注入压力比最小混相压力低 1MPa 以上，称为非混相驱油，该阶段原油采收率与 CO_2 的注入压力成正相关。在 16MPa（小于 19.4MPa）注入压力条件下观察非混相 CO_2 气体沿裂缝窜逸规律，明确非混相 CO_2 气体在基质及裂缝中的波及范围和原油动用程度，观察裂缝及裂缝周边流体渗流及分布规律。微观可视化裂缝型双重介质薄片模型非混相 CO_2 吞吐实验以 20.5MPa 围压、20MPa 吞吐压力、0.05mL/min 流速进行 CO_2 吞吐，焖井憋压 24h，同时控制出口端的压力为 4MPa，使得进出口端压差为 16MPa 开展吞吐实验。主要观测裂缝周边原油和 CO_2 驱替效果、波及范围和原油动用程度。选取 3-7 号样品微观可视化薄片进行 16MPa 吞吐压差、同一注采端的 CO_2 吞吐实验，吞吐实验注采参数见表 3.16。

表 3.16 同一端吞吐压差 16MPa 注采参数

薄片编号	渗透率/mD	注入压力/MPa	围压/MPa	速度/(mL/min)	焖井时间/h	出口端压力/MPa	吞吐压差/MPa
3-7	0.1084	20	20.5	0.05	24	4	16

图 3.121～图 3.124 为可视化薄片模型 3-7 号样品在 16MPa 吞吐压差，同一注采端条件下的非混相 CO_2 吞吐阶段的可视化影像。综合分析发现，整个吞吐过程中橙色线条圈定的区域为非混相 CO_2 吞吐波及区域，深红色区域为赋存剩余油。随着吞吐时间的增加，裂缝边缘富集的不规则连片状深红色剩余油从吞吐前期到吞吐末期逐渐减少，同时吞吐前缘带不断向裂缝两侧波及延伸，影像整体剩余油含量不断减少，吞吐驱油效率不断升高。图 3.121 为吞吐前期（1h）可视化薄片影像，整体以不规则连片状红色剩余油为主，少量浅红色呈连片状集中分布在靠近裂缝边缘区域，该区域的驱油效果较好，吞吐驱油效率为 6%。图 3.122 为吞吐中期（2h）可视化薄片影像，整体颜色以深红色为主，丝状黑色为赋存岩石颗粒，浅红色区域相较于吞吐前期有所增加，吞吐前缘带进一步向裂缝两侧推进，该阶段吞吐驱油效率为 10%。图 3.123 为吞吐后期（3h）可视化薄片影像，CO_2 吞吐前缘呈光滑的曲线向裂缝两边继续横向推进波及延伸，同时影像整体红色区域颜色进一步变浅，整体剩余油含量在不断地减少，吞吐效率增至 12%。图 3.124 为吞吐末期（4h）可视化影像，非混相 CO_2 吞吐前缘带波及范围已达到最大值，影像浅红色区域面积基本不在变化，此时驱油效率相比于 12MPa 同一注采端吞吐驱油效率（13%，图 3.108）提高了 2%，升高至 15%。

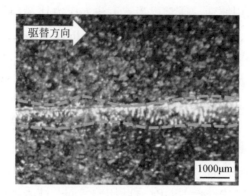

图 3.121　吞吐前期（2 倍，1h）驱油效率 6%

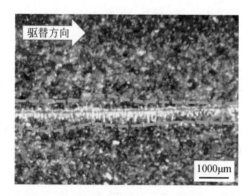

图 3.122　吞吐中期（2 倍，2h）驱油效率 10%

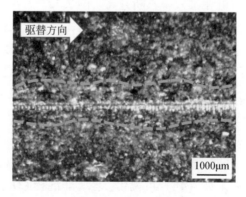

图 3.123　吞吐后期（2 倍，3h）驱油效率 12%

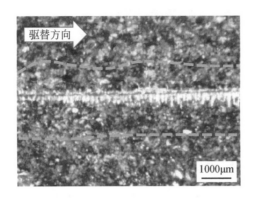

图 3.124 吞吐末期（2 倍，4h）驱油效率 15%

为了更好地观察吞吐过程中非混相 CO₂ 气体在基质中的波及范围、波及特征和动用程度，现将部分区域进行放大观察。图 3.125 ~ 图 3.128 分别为放大 2 倍、4 倍、8 倍、11.25 倍的可视化薄片影像。注入的非混相 CO₂ 流体优先沿着高渗裂缝通道快速流动，将裂缝及其周边较大孔喉的原油置换出来，初期还未波及远离裂缝的区域，在靠近裂缝边缘区域分布着不规则丝状剩余油，在裂缝边缘两侧富集大量不规则连片状剩余油。随着吞吐过程继续进行，非混相 CO₂ 流体不断波及远离裂缝的区域，剩余油富集区的整体颜色逐渐变为浅红色，其中夹杂着丝状深红色剩余油和黑色岩石颗粒。同时，裂缝放大后可以清楚看到裂缝两边岩石颗粒周围赋存的不规则丝状红色剩余油，这主要是致密砂岩孔喉结构分布复杂、强非均质性导致。综上所述，裂缝型双重介质可视化薄片模型在 16MPa 吞吐压差、同一注采端 CO₂ 吞吐条件下，CO₂ 优先沿高渗裂缝通道快速流动，带走裂缝内和裂缝边缘赋存的原油，而后吞吐前缘带逐步横向扩散波及至远离裂缝区域，部分

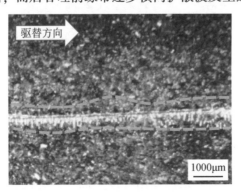

图 3.125 吞吐局部放大图（16MPa，2 倍）

图 3.126　吞吐局部放大图（16MPa，4 倍）

图 3.127　吞吐局部放大图（16MPa，8 倍）

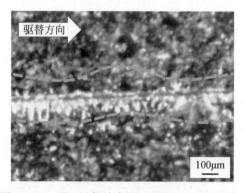

图 3.128　吞吐局部放大图（16MPa，11.25 倍）

渗流能力差的孔隙喉道内剩余油动用程度不高，该阶段吞吐波及区域相较于在 12MPa 吞吐压差同一注采端吞吐阶段有所扩大，驱油效率相对较高。

（四）16MPa 不同端注采吞吐模拟

观察 16MPa 吞吐压力不同注采端的非混相 CO_2 气体沿裂缝窜逸规律，明确非混相 CO_2 气体在基质及裂缝中的波及范围和原油动用程度，观察裂缝及裂缝周边流体渗流及分布规律。微观可视化裂缝型双重介质薄片模型非混相 CO_2 驱替实验以 20.5MPa 围压、20MPa 吞吐压力、0.05mL/min 流速进行 CO_2 吞吐，焖井憋压 24h，同时控制出口端的压力为 4MPa，使得进出口端压差为 16MPa 开展吞吐实验。主要观测裂缝周边原油和 CO_2 驱替效果、波及范围和原油动用程度。选取 3-8 号样品微观可视化薄片进行 16MPa 吞吐压差、不同注采端的 CO_2 吞吐模拟实验，吞吐实验注采参数见表 3.17。

表 3.17　不同端吞吐压差 16MPa 注采参数

薄片编号	渗透率/mD	注入压力/MPa	围压/MPa	速度/(mL/min)	焖井时间/h	出口端压力/MPa	吞吐压差/MPa
3-8	0.0958	20	20.5	0.05	24	4	16

图 3.129～图 3.132 为可视化薄片模型 3-8 号样品在 16MPa 吞吐压差，不同注采端条件下的非混相 CO_2 吞吐阶段的可视化影像。综合分析发现，整个吞吐过程中橙色线条圈定的区域为非混相 CO_2 吞吐波及区域，深红色区域为赋存剩余油。随着吞吐时间的增加，裂缝边缘富集的不规则连片状深红色剩余油从吞吐前期到吞吐末期逐渐减少，同时吞吐前缘带不断向裂缝两侧波及延伸，影像整体剩余油含量不断减少，吞吐驱油效率不断升高。图 3.129 为吞吐前期（1h）可视化薄片影像，整体以不规则连片状红色剩余油为主，少量浅红色呈丝状集中分布在靠近裂缝边缘区域，该区域的驱油效果较好，吞吐驱油效率为 8%。图 3.130 为吞吐中期（2h）可视化薄片影像，整体颜色以深红色为主，斑点状黑色为赋存岩石颗粒，浅红色区域相较于吞吐前期有所增加，吞吐前缘带进一步向裂缝两侧推进，该阶段吞吐驱油效率为 12%。图 3.131 为吞吐后期（3h）可视化薄片影像，CO_2 吞吐前缘上部呈平直线、下部呈光滑曲线向裂缝两边继续横向延伸，以指状形式推进，同时影像整体红色区域颜色进一步变浅，整体剩余油含量在不断地减少，吞吐效率增至 14%。图 3.132 为吞吐末期（4h）可视化影像，非混相 CO_2 吞吐前缘带波及范围已达到最大值，影像浅红色区域面积也基本不在变化，此时驱油效率相比于 12MPa 不同注采端吞吐驱油效率（16%，图 3.116）提高了 2%，升高至 18%。

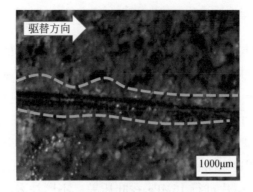

图 3.129　吞吐前期（2倍，1h）驱油效率 8%

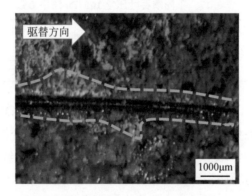

图 3.130　吞吐中期（2倍，2h）驱油效率 12%

图 3.131　吞吐后期（2倍，3h）驱油效率 14%

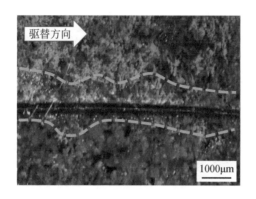

图 3. 132　吞吐末期（2 倍，4h）驱油效率 18%

为了更好地观察吞吐过程中非混相 CO_2 气体在基质中的波及范围、波及特征和动用程度，现将部分区域进行放大观察。图 3. 133 ~ 图 3. 136 分别为放大 2 倍、4 倍、8 倍、11. 25 倍的可视化薄片影像。注入的非混相 CO_2 流体优先沿着高渗裂缝通道快速流动，将裂缝及其周边较大孔喉的原油置换出来，同时非混相 CO_2 流体已经波及远离裂缝区域较大孔喉中赋存的剩余油，在靠近裂缝边缘区域分布着不规则丝状剩余油，在裂缝边缘两侧富集大片不规则斑点状剩余油，这表明初期原油动用程度就相对较高。随着吞吐过程继续进行，非混相 CO_2 流体不断波及远离裂缝的区域，剩余油富集区的整体颜色由吞吐前期的红色逐渐变为吞吐末期的浅色，吞吐前缘带上部分区域还夹杂着斑点状深红色剩余油，这主要是致密砂岩孔喉结构分布强非均质性导致，使得非混相 CO_2 较难吞吐波及距离裂缝较远的孔隙喉道。同时，裂缝放大后可以清楚看到裂缝两边黑色岩石颗粒周围赋存的斑点状红色剩余油。综上所述，裂缝型双重介质可视化薄片模型在 16MPa 吞吐压差、不同注采端 CO_2 吞吐条件下，CO_2 优先沿高渗裂缝快速通过，带走裂缝内和裂缝边缘的原油，同时在吞吐初期非混相 CO_2 流体就已经波及远离裂缝区域较大的孔喉中，吞吐前缘带以指状形式快速向远离裂缝区域延伸，但部分渗流能力差的孔隙喉道中夹杂斑点状剩余油，使得该部分剩余油动用程度不高，但该阶段吞吐波及区域相较于在 12MPa 吞吐压差不同注采端吞吐阶段有所扩大，驱油效率进一步提高。

在持续增加注入压力的非混相 CO_2 吞吐驱油阶段，通过可视化薄片模型发现，随着吞吐压力的增加，CO_2 吞吐驱油渗流路径及波及范围由不规则宽条带状通道逐步转变为不规则连片状渗流通道，剩余油含量比超临界及气相 CO_2 吞吐驱

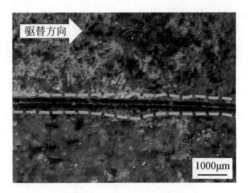

图 3.133　吞吐局部放大图（16MPa，2 倍）

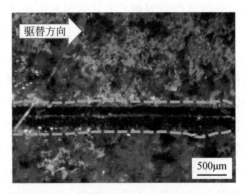

图 3.134　吞吐局部放大图（16MPa，4 倍）

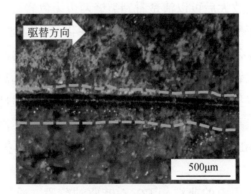

图 3.135　吞吐局部放大图（16MPa，8 倍）

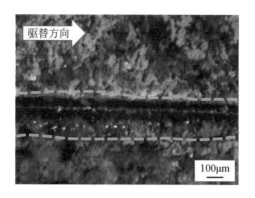

图 3.136　吞吐局部放大图 16MPa，11.25 倍)

替阶段显著降低。从吞吐前期（1h）到吞吐末期（4h）过程中来看，CO_2 吞吐前缘呈波浪线向裂缝两侧横向扩展，以指状形式推进，CO_2 扩散波及范围进一步增加。因此，在该阶段 CO_2 微观封存空间显著扩大，一部分 CO_2 在裂缝通道及不规则宽条带状-连片状分布的微、纳米孔喉通道内物理封存；另一部分 CO_2 会随着原油流动至井筒被采出逃逸，同时少部分 CO_2 与地层水-岩石相互作用反应溶解实现化学封存，CO_2 封存量相比于气相、超临界吞吐阶段可实现进一步提升。

四、CO_2 混相吞吐驱油与封存特征

在前期气相、超临界和非混相状态吞吐实验基础上，进一步增加 CO_2 吞吐压力，使 CO_2 吞吐压力大于最小混相压力（19.4MPa），此时 CO_2 与原油形成混相，不仅可以降低原油黏度、萃取轻质组分、补充地层弹性能量，还可以形成特殊的混相带，增强 CO_2-原油体系流动能力，有效提高 CO_2 波及体积和驱油效率。同时，混相 CO_2 能够较好地渗入微、纳米孔隙介质中与原油发生相互作用，进一步观察在达到混相压力下的 CO_2 吞吐驱油作用机制，明确裂缝及裂缝周边混相 CO_2 流体渗流分布规律，评价混相 CO_2 流体在基质及裂缝中的窜逸规律、波及范围和原油动用程度。

（一）20MPa 同一端注采吞吐模拟

为了观察 20MPa 吞吐压力下混相 CO_2 流体沿裂缝窜逸规律，明确混相 CO_2 流体在基质及裂缝中的波及范围和原油动用程度，观察裂缝及裂缝周边流体渗流及分布规律。微观可视化裂缝型双重介质薄片模型混相 CO_2 吞吐实验以 20.5MPa 围压、20MPa 吞吐压力、0.05mL/min 流速进行 CO_2 吞吐，焖井憋压 24h，同时控制出口端的压力为 0MPa，使得进出口端压差为 20MPa 开展吞吐实验。主要观测裂缝周边原油和 CO_2 吞吐效果、波及范围和原油动用程度。选取 3-9 号样品微观可视化薄片进行 20MPa 吞吐压差、同一注采端的 CO_2 吞吐实验，吞吐实验注采参数见表 3.18。

表 3.18　同一端吞吐压差 20MPa 注采参数

薄片编号	渗透率/mD	注入压力/MPa	围压/MPa	速度/(mL/min)	焖井时间/h	出口端压力/MPa	吞吐压差/MPa
3-9	0.0866	20	20.5	0.05	24	0	20

图 3.137～图 3.140 为可视化薄片模型 3-9 号样品在 20MPa 吞吐压差，同一注采端条件下的混相 CO_2 吞吐阶段的可视化影像。综合分析发现，整个吞吐过程中橙色线条圈定的区域为混相 CO_2 吞吐波及区域，深红色区域为赋存剩余油，黑色斑点为岩石基质颗粒。随着吞吐时间的增加，裂缝边缘富集的不规则连片状深红色剩余油从吞吐前期到吞吐末期逐渐减少，同时吞吐前缘带不断向裂缝两侧波及延伸，影像整体剩余油含量不断减少，吞吐驱油效率不断升高。图 3.137 为吞吐前期（1h）可视化薄片影像，沿裂缝方向红色比较浅，由裂缝向上下两侧红色逐渐加深，整体以不规则连片状红色剩余油为主，少量浅红色呈丝状集中分布在靠近裂缝边缘区域，该阶段的驱油效果较好，吞吐驱油效率为 7%。图 3.138 为吞吐中期（2h）可视化薄片影像，整体颜色以红色为主，斑点状黑色为赋存岩石颗粒，浅红色区域相较于吞吐前期进一步扩大延伸，吞吐前缘带进一步向裂缝两侧推进，该阶段吞吐驱油效率为 13%。图 3.139 为吞吐后期（3h）可视化

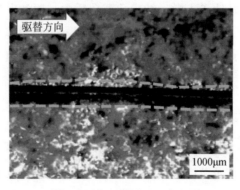

图 3.137　吞吐前期（2 倍，1h）驱油效率 7%

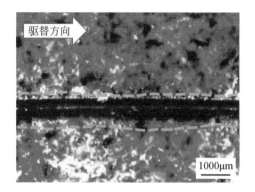

图 3.138　吞吐中期（2 倍，2h）驱油效率 13%

图 3.139　吞吐后期（2 倍，3h）驱油效率 16%

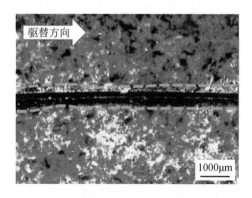

图 3.140　吞吐末期（2 倍，4h）驱油效率 18%

薄片影像，CO_2吞吐前缘呈平直线向裂缝两边继续横向延伸，以指状形式推进，同时影像整体红色区域颜色进一步变浅，整体剩余油含量在不断地减少，吞吐效率增至16%。图3.140为吞吐末期（4h）可视化影像，混相CO_2吞吐前缘带波及范围已达到最大值，此时驱油效率相比于16MPa同一注采端吞吐驱油效率提高了3%，升高至18%。

为了更好地观察吞吐过程中混相CO_2气体在基质中的波及范围、波及特征和原油动用程度，现将部分区域进行放大观察。图3.141～图3.144分别为放大2倍、4倍、8倍、11.25倍的可视化薄片影像。注入的混相CO_2流体优先沿着高渗裂缝通道快速流动，将裂缝及其周边较大孔喉的原油置换出来，同时混相CO_2流体在初期就已经波及远离裂缝区域较大的孔喉中，在靠近裂缝边缘区域分布着不规则丝状剩余油，在裂缝边缘两侧富集大片不规则斑点状剩余油，这表明初期原油动用程度就相对较高。随着吞吐过程继续进行，混相CO_2流体继续向远离裂缝的区域波及，剩余油富集区的整体颜色由吞吐前期的红色逐渐变为吞吐末期的浅色，吞吐前缘带上还夹杂着斑点状红色剩余油，致密砂岩孔喉分布强非均质性使得混相CO_2较难吞吐波及距离裂缝较远的孔隙喉道。同时，裂缝放大后可以清楚地看到裂缝两边赋存的斑点状红色剩余油。综上所述，裂缝型双重介质可视化薄片模型在20MPa吞吐压差、同一注采端CO_2吞吐条件下，CO_2优先沿高渗裂缝快速通过，带走裂缝内和裂缝边缘的原油，同时在吞吐初期混相CO_2流体就已经波及远离裂缝区域的较大孔喉中，吞吐前缘带以指状形式快速向远离裂缝区域延伸，但部分渗流能力差的孔隙喉道中夹杂斑点状剩余油，使得该部分剩余油动用程度不高，但该阶段吞吐波及区域相较于在4MPa吞吐压差同一注采端吞吐阶段明显提高，综合驱油效率提高了8%。

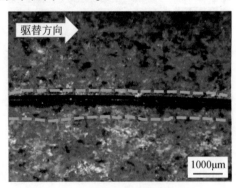

图3.141　CO_2驱替局部放大图（20MPa，2倍）

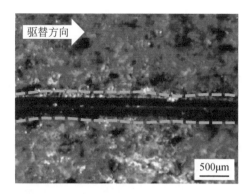

图 3.142　CO_2 驱替局部放大图（20MPa，4 倍）

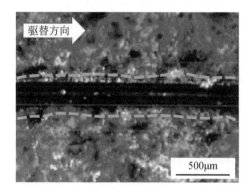

图 3.143　CO_2 驱替局部放大图（20MPa，8 倍）

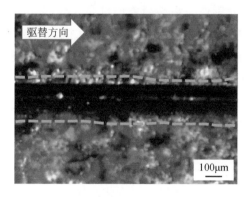

图 3.144　CO_2 驱替局部放大图（20MPa，11.25 倍）

（二）20MPa 不同端注采吞吐模拟

观察 20MPa 吞吐压力下混相 CO_2 流体沿裂缝窜逸规律，明确混相 CO_2 流体在基质及裂缝中的波及范围和原油动用程度，观察裂缝及裂缝周边流体渗流及分布规律。微观可视化裂缝型双重介质薄片模型混相 CO_2 吞吐实验以 20.5MPa 围压、20MPa 吞吐压力、0.05mL/min 流速进行 CO_2 吞吐，焖井憋压 24h，同时控制出口端的压力为 0MPa，使得进出口端压差为 20MPa 开展吞吐实验。主要观测裂缝周边原油和 CO_2 吞吐效果、波及范围和原油动用程度。选取 3-10 号样品微观可视化薄片进行 20MPa 吞吐压差、不同注采端的 CO_2 吞吐实验，吞吐实验注采参数见表 3.19。

表 3.19 不同端吞吐压差 20MPa 注采参数

薄片编号	渗透率/mD	注入压力/MPa	围压/MPa	速度/(mL/min)	焖井时间/h	出口端压力/MPa	吞吐压差/MPa
3-10	0.0794	20	20.5	0.05	24	0	20

图 3.145 ~ 图 3.148 为可视化薄片模型 3-10 号样品在 20MPa 吞吐压差，不同注采端条件下的混相 CO_2 吞吐阶段的可视化影像。综合分析发现，整个吞吐过程中橙色线条圈定的区域为混相 CO_2 吞吐波及区域，红色斑点为赋存剩余油，黑色斑点为岩石基质颗粒。随着吞吐时间的增加，裂缝边缘富集的不规则丝状网状红色剩余油从吞吐前期到吞吐末期逐渐减少，同时吞吐前缘带不断向裂缝两侧波及延伸，影像整体剩余油含量不断减少，吞吐驱油效率不断升高。图 3.145 为吞吐前期（1h）可视化薄片影像，沿裂缝方向红色比较浅，由裂缝向上下两侧红色逐渐加深，整体以不规则丝状网状红色剩余油为主，少量浅色呈丝状集中分布在靠近裂缝边缘区域，该阶段的驱油效果较好，吞吐驱油效率为 9%。图 3.146 为吞吐中期（2h）可视化薄片影像，整体颜色以红色为主，斑点状黑色为赋存岩石颗粒，浅红色区域相较于吞吐前期进一步扩大延伸，吞吐前缘带进一步向裂缝两侧推进，该阶段吞吐驱油效率为 13%。图 3.147 为吞吐后期（3h）可视化薄片影像，CO_2 吞吐前缘呈平直线向裂缝两边继续横向延伸，以指状形式推进，同时影像整体红色区域颜色进一步变浅，整体剩余油含量在不断减少，吞吐效率增至 17%。图 3.148 为吞吐末期（4h）可视化影像，混相 CO_2 吞吐前缘带波及范围已达到最大值，此时驱油效率相比于 16MPa 不同注采端吞吐驱油效率提高了 2%，升高至 20%。

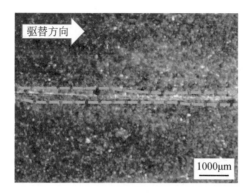

图 3.145 吞吐前期（2 倍，1h）驱油效率 9%

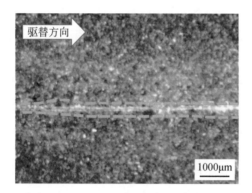

图 3.146 吞吐中期（2 倍，2h）驱油效率 13%

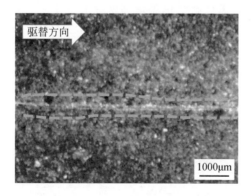

图 3.147 吞吐后期（2 倍，3h）驱油效率 17%

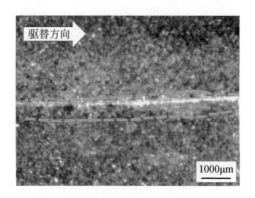

图 3.148　吞吐末期（2 倍，4h）驱油效率 20%

为了更好地观察吞吐过程中混相 CO_2 气体在基质中的波及范围、波及特征和原油动用程度，现将部分区域进行放大观察。图 3.149 ~ 图 3.152 分别为放大 2 倍、4 倍、8 倍、11.25 倍的可视化薄片影像。注入的混相 CO_2 流体优先沿着高渗裂缝通道快速流动，将裂缝及其周边较大孔喉的原油置换出来，同时混相 CO_2 流体在初期就已经波及远离裂缝区域的较大孔喉中，在靠近裂缝边缘区域分布着不规则丝状网状剩余油，在裂缝边缘两侧富集大片不规则片丝状剩余油，这表明初期原油动用程度就相对较高。随着吞吐过程继续进行，混相 CO_2 流体继续向远离裂缝区域波及，剩余油富集区的整体颜色由吞吐前期的红色逐渐变为吞吐末期的浅色，吞吐前缘带上还赋存着斑点状红色剩余油，致密砂岩孔喉分布强非均质性使得混相 CO_2 较难吞吐波及距离裂缝较远的孔隙喉道。同时，裂缝放大后可以清楚看到裂缝两边赋存的斑点状红色剩余油。综上所述，裂缝型双重介质可视化薄片模型在 20MPa 吞吐压差、不同注采端 CO_2 吞吐条件下，CO_2 优先沿高渗裂缝快

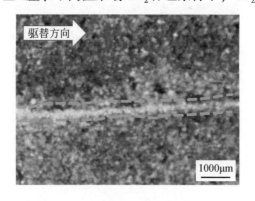

图 3.149　吞吐局部放大图（20MPa，2 倍）

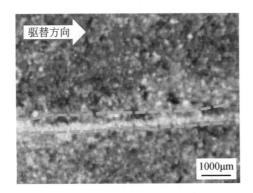

图3.150　吞吐局部放大图（20MPa，4倍）

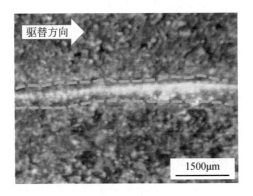

图3.151　吞吐局部放大图（20MPa，8倍）

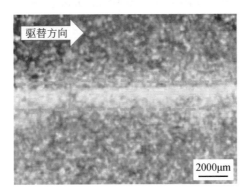

图3.152　吞吐局部放大图（20MPa，11.25倍）

速通过，带走裂缝内和裂缝边缘的原油，同时在吞吐初期混相 CO_2 流体就已经波及远离裂缝区域的较大孔喉中，吞吐前缘带以指状形式快速向远离裂缝区域推进，少部分渗流能力差的孔隙喉道中夹杂点状剩余油，该部分剩余油动用程度不高，但该阶段吞吐波及区域相较于在 4MPa 吞吐压差不同注采端吞吐阶段明显提高，综合驱油效率提高了 7%。

进入 CO_2 混相吞吐驱油阶段，CO_2 在原油中的溶解度进一步增大，并与原油形成混相，此时 CO_2 驱油渗流路径及波及范围均呈现大面积连片状分布，驱油效率达到最大值。从吞吐前期（1h）到吞吐末期（4h）过程中来看，CO_2 吞吐驱替前缘呈平直线向裂缝两侧横向扩展，以指状形式推进，随着吞吐时间的增加，CO_2 扩散波及范围达到最大值，CO_2 驱油渗流路径及波及范围由单一裂缝通道逐步转变为大面积连片状渗流通道，剩余油含量比非混相、超临界及气相 CO_2 吞吐阶段显著降低。因此，在该阶段 CO_2 微观封存范围显著扩大，CO_2 主要在裂缝通道及大面积连片状分布的微、纳米孔喉通道内物理封存，同时 CO_2 与地层水-岩石相互作用反应溶解实现化学封存，另一部分 CO_2 会随着原油流动至井筒被采出逃逸，CO_2 封存量可实现大幅提升。

五、CO_2 混相驱替+吞吐模式驱油与封存特征

通过微观可视化裂缝型双重介质薄片模型混相 CO_2 驱替+吞吐模拟实验，进一步明确混相 CO_2 气体在基质及裂缝中波及范围和原油动用程度，评价混相阶段 CO_2 驱油以及地质封存特征。微观可视化 CO_2 驱替+吞吐模拟过程以 20MPa（大于 19.4MPa）驱替压力、20.5MPa 围压、0.05mL/min 流速开展驱替实验，结束后随即在 60℃ 条件下，焖井憋压 24h，而后缓慢打开出口端，观测整个吞吐期间的可视化岩心的采出程度。选取 4-5 号样品微观可视化薄片进行混相 CO_2 驱替+吞吐模拟实验，实验注采参数见表 3.20。

表 3.20　20MPa 压力 CO_2 吞吐参数

薄片编号	渗透率/mD	注入压力/MPa	围压/MPa	速度/(mL/min)	焖井时间/h	注入速度(mL/min)	围压/MPa
4-5	0.1753	20	24	0.05	20.5	0.05	20.5

图 3.153 ~ 图 3.156 为可视化薄片模型 4-5 号样品在 20MPa 吞吐压差，驱替后进行的混相 CO_2 吞吐阶段的可视化影像。综合分析发现，吞吐前期剩余油主要

赋存在裂缝内，裂缝是主要的原油渗流通道。随着吞吐时间的增加，裂缝边缘富集的剩余油从吞吐前期的不规则连片状被分割为吞吐末期的分散块状，同时吞吐前缘带不断向裂缝两侧延伸，影像整体剩余油含量不断减少，吞吐驱油效率不断升高。图3.153为吞吐前期（1h）可视化薄片影像，整个区域红色显示明显，沿着裂缝红色显示最深，表明在焖井结束后，原油主要流动到裂缝中，裂缝成为原油主要渗流通道，该阶段吞吐驱油效率为14%。图3.154为吞吐中期（2h）可视化薄片影像，整体颜色以红色为主，剩余油从前期的连片状被分割成大小不同的块状，此时裂缝还是主要渗流通道，该阶段吞吐驱油效率为15%。图3.155为吞吐后期（3h）可视化薄片影像，CO_2吞吐前缘呈平直线向裂缝两边横向延伸，以指状形式推进，同时影像整体红色区域颜色进一步变浅，整体剩余油含量在不断地减少，吞吐效率增至16%。图3.156为吞吐末期（4h）可视化影像，混相CO_2吞吐前缘带波及范围已达到最大值，此时驱油效率相比于注入压力为20MPa的混相CO_2驱油效率提高了4%，升高至17%。

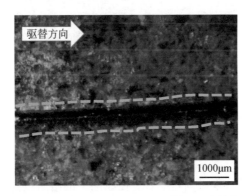

图3.153　吞吐前期1h（20MPa，2倍）驱油效率14%

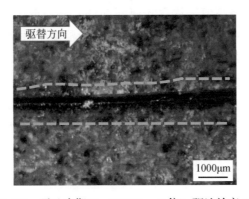

图3.154　吞吐中期2h（20MPa，2倍）驱油效率15%

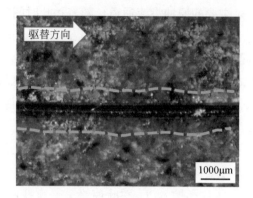

图 3.155　吞吐后期 4h（20MPa，2 倍）驱油效率 16%

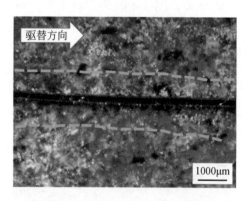

图 3.156　吞吐末期 4h（20MPa，2 倍）驱油效率 17%

　　进入 CO_2 混相驱替+吞吐阶段，CO_2 在原油中的溶解度达到最大，此时 CO_2 驱油渗流路径及波及范围均呈现大面积连片状分布，当 CO_2 扩散波及范围达到最大值时，驱油效率升至最高值。从吞吐前期（1h）到吞吐末期（4h）来看，吞吐前期剩余油主要赋存在裂缝内，裂缝是主要的原油渗流通道；随着吞吐时间的增加，CO_2 驱油渗流路径由裂缝通道逐步转变为大面积连片状渗流通道，剩余油由不规则连片状被分割为分散的块状，剩余油含量相比非混相、超临界及气相 CO_2 吞吐阶段显著降低。因此，在该阶段 CO_2 微观封存范围显著扩大，CO_2 主要在裂缝通道及大面积连片状分布的微、纳米孔喉通道内物理封存，另一部分 CO_2 会随着原油流动至井筒被采出逸散，同时少部分 CO_2 与地层水-岩石相互作用反应溶解实现化学封存，CO_2 封存量可实现大幅提升。

本 章 小 结

通过不同相态的 CO$_2$ 驱油吞吐与地质封存微观可视化实验结果, 明确了 CO$_2$ 辅助动用原油、气体沿裂缝窜逸规律及地质封存特征, 得到以下结论。

(1) 随着驱替压力的升高, CO$_2$ 在双重介质模型中的驱油效率不断增高, 即驱油效率与 CO$_2$ 驱替压力呈正相关。当 CO$_2$ 达到超临界状态, 驱油效率及波及范围进一步增加, 综合驱油效率由气相阶段的 8% 提升至 9%。

(2) 当 CO$_2$ 达到混相状态后, CO$_2$ 最大限度地动用裂缝和小孔隙喉道的原油, 但由于裂缝的存在导致气体大部分都从裂缝窜逸, 驱油效率提升幅度较小, 综合驱油效率由气相阶段的 8% 提升至 13%, 增幅仅有 5%。通过混相驱替+吞吐模式驱油实验, 混相 CO$_2$ 吞吐前缘带波及范围已达到最大值, 综合驱油效率达到 17%。

(3) 不同相态的 CO$_2$ 驱替阶段, CO$_2$ 驱油渗流路径及波及范围逐渐扩大, 形成由裂缝通道-不规则连片状-大面积连片状分布的过渡形态, 进入混相吞吐阶段后, 吞吐前缘带波及范围达到最大值。CO$_2$ 主要在裂缝通道及大面积连片状分布的微、纳米孔喉通道内物理封存, 另一部分 CO$_2$ 会随着原油流动至井筒被采出逸散。

(4) 随着吞吐压差增大, CO$_2$ 的吞吐波及范围越来越大, 吞吐驱油效率逐渐升高。超临界状态同一端综合驱油效率由气相阶段的 10% 提升至 12%; 不同端综合驱油效率由气相阶段的 13% 提升至 14%。当 CO$_2$ 达到混相状态后, 吞吐驱油效率进一步提升, 同一端综合驱油效率由气相阶段的 10% 提升至 18%, 增幅达到 8%; 不同端综合驱油效率由气相阶段的 13% 提升至 20%, 增幅达到 7%。

(5) 不同相态的 CO$_2$ 吞吐阶段, 吞吐前缘呈圆弧线向裂缝两侧横向扩展, 以指状形式推进, 形成由狭窄的单一裂缝通道-不规则条带状-大面积连片状分布的过渡形态, 尤其是进入混相吞吐状态后, 吞吐前缘带波及范围达到最大值。CO$_2$ 主要在裂缝通道及大面积连片状分布的渗流通道内物理封存, 另一部分 CO$_2$ 会随着原油流动至井筒被采出逸散, 少部分 CO$_2$ 与地层水-岩石相互作用反应溶解实现化学封存。

第四章 CO_2 驱油与封存岩心尺度模拟

第一节 岩心模拟实验设置

核磁共振技术在储层评价、孔隙流体、孔隙结构和物性参数等研究方面相比其他检测技术更具明显优势，如无辐射损伤、成像速度快、时空分辨率高。其原理是通过监测储层流体中的氢核信号，获得流体在储层孔隙中的分布位置，进而得到一系列储层参数，如可动流体信息、孔隙结构、束缚水饱和度、孔喉分布等。设置不同注入压力（4~20MPa）条件下的 CO_2 岩心驱替+吞吐实验，包括压力点跨越气相、超临界、CO_2-原油体系非混相和 CO_2-原油体系混相四个相态点，进一步评价致密砂岩真实岩心样品、CO_2 驱油曲线特征、不同尺度孔喉原油动用情况及地质封存规律。连续气驱实验结束后，继续开展注气 CO_2 吞吐实验，分析吞吐前后不同尺度孔喉原油动用情况，明确致密砂岩真实岩心 CO_2 驱油+吞吐曲线特征、不同尺度孔喉原油动用情况及地质封存规律，以此作为可视化薄片模型的对比实验，共同揭示 CO_2 驱油与封存渗流规律。

一、实验材料

本实验选取长 6 致密砂岩油藏天然岩心制备实验岩心柱塞样品，原油样品取自鄂尔多斯盆地长 6 油藏，与取样岩心为同层同井；实验使用的 CO_2 气体纯度为99.9%。实验设备选用高温高压物理流动模拟实验系统、牛津核磁共振（NMR）在线测试系统，温度设定为 60℃，注入压力分别设定为 4MPa、8MPa、12MPa、16MPa 和 20MPa。

本次实验岩心的直径介于 2.47~2.50cm；长度介于 6.62~7.94cm；岩心样品孔隙度介于 9.06%~10.20%，平均为 9.74%；渗透率介于 0.0522×10^{-3} ~ $0.2175\times10^{-3}\,\mu m^2$，平均为 $0.1383\times10^{-3}\,\mu m^2$，实验岩心样品基本物性信息如表 4.1 所示。

表 4.1　岩心样品基本物性信息

岩心编号	孔隙度/%	渗透率/$10^{-3}\mu m^2$	直径/cm	长度/cm
2-1	9.35	0.1573	2.49	7.91
2-2	9.75	0.1621	2.48	7.15
2-3	9.06	0.1028	2.47	7.94
2-4	10.20	0.0522	2.50	7.63
2-5	9.52	0.2175	2.50	6.62

二、实验方法

利用高温高压真实岩心物理流动模拟实验系统，通过控制注入压力，设置不同注入压力条件下的 CO₂ 岩心驱替+吞吐实验。注入压力设定为 4MPa、8MPa、12MPa、16MPa 和 20MPa，进一步评价 CO₂ 驱油曲线特征、不同尺度孔喉原油动用情况，同时利用核磁共振在线测试系统对实验岩心样品进行扫描，评价驱替过后驱油效率曲线特征及剩余油的分布情况，气驱实验结束后，继续开展注气 CO₂ 吞吐实验，分析吞吐前后不同尺度孔喉原油动用情况及地质封存规律。

三、实验流程

（1）选取真实天然岩心样品进行筛选、分类和编号，用苯和乙醇按 3：1 的比例对岩心进行深度洗油操作，清洗完成后将岩心置于恒温箱内在 80℃ 温度下烘干 24h。

（2）将岩心切割制作成直径为 25mm、长 80mm 的岩心柱塞，并对岩心样品进行物性参数分析等测试工作。

（3）配置模拟地层水（矿化度为 25000mg/L），设定岩心夹持器围压为 5MPa，以 0.05mL/min 的速度对岩心饱和地层水，待出液量为 4～5PV 时认为岩心孔隙已完全饱和地层水；同时配置 MnCl₂ 水溶液（矿化度为 25000mg/L），以锰水中的 Mn²⁺ 来屏蔽水中氢信号的干扰。

（4）将油样以 0.05mL/min 恒定流量注入岩心中，至岩心出口产出液的含油量为 100%，认为岩心孔隙已完全饱和原油，并进行饱和原油核磁共振 T_2 谱采样。

（5）设置温度恒定为 60℃，控制 CO₂ 注入压力分别为 4MPa、8MPa、12MPa、16MPa 和 20MPa，进行 CO₂ 驱油与地质封存物理流动模拟，实验完成后进行 CO₂

驱油核磁共振 T_2 谱采样，计算在流动平衡条件下的残余油饱和度及驱油效率。

（6）每个压力点驱替结束后进行 CO_2 吞吐实验，吞吐注入压力分别为 4MPa、8MPa、12MPa、16MPa 和 20MPa，焖井憋压 24h 之后，打开出口端分别测试在不同吞吐压力下的 CO_2 吞吐实验，当系统压力降至大气压时停止吞吐实验，并进行 CO_2 吞吐驱油核磁共振 T_2 谱采样。

（7）实验过程中在驱替阶段记录的数据包括：驱替时间、驱替速度、注入 PV、进出口压力；在吞吐阶段记录的数据包括：吞吐时间、吞吐速度、吞吐气量、进出口压力。

第二节 原始油水分布模型构建

一、地层水分布模型构建

在进行 CO_2 驱替实验之前，先对岩心饱和地层水。该过程以围压 5MPa、驱替压力 3MPa、流速 0.05mL/min 进行地层水饱和，配置的地层水矿化度为 25000mg/L，当注入量达到 2PV 时停止饱和，以建立岩心原始地层水分布模型，岩心饱和地层水注采参数见表 4.2。

表 4.2 岩心饱和地层水注采参数

岩心编号	渗透率 /$10^{-3}\mu m^2$	注入压力 /MPa	注入体积 /PV	饱和时间 /h	注入速度 /(mL/min)	围压 /MPa
2-1	0.1573	3	5	40	0.05	5
2-2	0.1621	3	5	45	0.05	5
2-3	0.1028	3	5	45	0.05	5
2-4	0.0522	3	5	45	0.05	5
2-5	0.2175	3	5	50	0.05	5

二、饱和原油模型构建

每块岩心样品饱和地层水完成后，饱和原油以建立原始油水分布模型。该过程以实验温度 60℃、围压 5MPa、驱替压力 3MPa、流速 0.05mL/min 饱和原油，实验使用鄂尔多斯盆地长 6 油藏油样，原油黏度为 7.39mPa·s，当出口产出液的含油量为 100% 时停止饱和，此时认为原始地层的油水分布模型建立完成，饱和原油注采参数见表4.3。

表4.3　饱和原油注采参数

岩心编号	渗透率/10^{-3} μm^2	注入压力/MPa	注入体积/PV	饱和时间/h	注入速度/(mL/min)	围压/MPa
2-1	0.1573	3	5	40	0.05	5
2-2	0.1621	3	5	45	0.05	5
2-3	0.1028	3	5	45	0.05	5
2-4	0.0522	3	5	45	0.05	5
2-5	0.2175	3	5	50	0.05	5

图4.1为2-1号样品岩心饱和原油核磁共振 T_2 谱曲线图，曲线整体呈现单峰态分布，孔喉尺度分布介于 0.1～644.95ms，在 8.03ms 处达到峰值。2-1号岩心样品非均质性弱，孔喉尺度差异不大，主要分布小孔喉，较大孔喉含油量小。

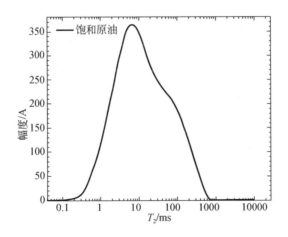

图4.1　2-1号岩心饱和原油核磁共振 T_2 谱曲线图

图4.2为2-2号岩心饱和原油核磁共振 T_2 谱曲线图，曲线呈现出单峰形态分布，较小孔喉尺度分布介于 0.21～34.65ms，在 4.64ms 处达到峰值；较大孔喉分布介于 34.65～447.5ms，在 86.4ms 处达到峰值。从核磁共振 T_2 谱可以看出较小孔喉信号强度大，较大孔喉信号强度小，表明2-2号岩心样品主要发育小孔喉，大孔喉分布范围小，发育弱。

图4.3为2-3号岩心饱和原油核磁共振 T_2 谱曲线图，曲线整体呈现单峰态分

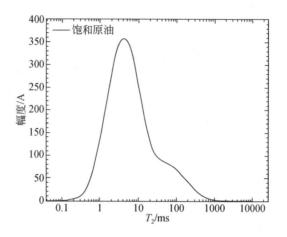

图 4.2　2-2 号岩心饱和原油核磁共振 T_2 谱曲线图

布，孔喉尺度分布介于 0.1~447.5ms，在 3.87ms 处达到峰值。2-3 号岩心样品非均质性较弱，孔喉尺度大小差异不大，主要分布为小孔喉，大孔喉分布范围小，发育弱，较大孔喉中含油量小。

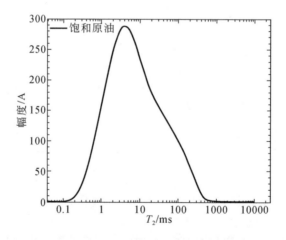

图 4.3　2-3 号岩心饱和原油核磁共振 T_2 谱曲线图

图 4.4 为 2-4 号岩心饱和原油核磁共振 T_2 谱曲线图，曲线呈现出双峰形态分布，较小孔喉尺度分布介于 0.14~3.22ms，在 0.9ms 处达到峰值；较大孔喉分布介于 3.22~20.3ms，在 6.69ms 处达到峰值。从核磁共振 T_2 谱可以看出较小孔喉信号强度大，较大孔喉信号强度小，表明 2-4 号岩心样品主要发育小孔喉，大

孔喉分布少，主要以细小孔喉为主。

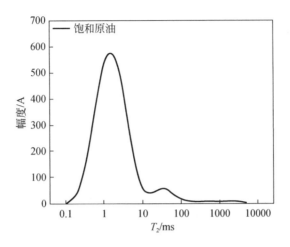

图 4.4　2-4 号岩心饱和原油核磁共振 T_2 谱曲线图

图 4.5 为 2-5 号岩心饱和原油核磁共振 T_2 谱曲线图，曲线呈现出双峰形态分布，较小孔喉尺度分布介于 0.1 ~ 13.89ms，在 1.55ms 处达到峰值；较大孔喉分布介于 13.89 ~ 179.46ms，在 59.95ms 处达到峰值。从核磁共振 T_2 谱可以看出较小孔喉信号强度大，较大孔喉信号强度小，表明 2-5 号岩心样品主要发育小孔喉，大孔喉分布少。

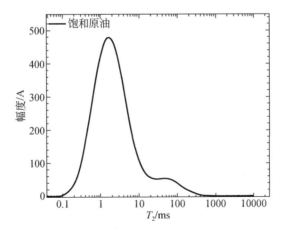

图 4.5　2-5 号岩心饱和原油核磁共振 T_2 谱曲线图

第三节　岩心尺度 CO_2 驱油与封存规律

在已构建的原始油水分布物理模型上，通过控制注入压力，评价致密砂岩储层在气相、超临界、非混相和混相等四个相态下的核磁共振 T_2 谱分布规律、CO_2 驱油效率和剩余油分布特征，重点聚焦 CO_2 流体在超临界点和最小混相压力处的原油动用规律，明确致密砂岩油藏 CO_2 驱不同相态下的驱油与地质封存机理。

一、气相 CO_2 驱油与封存特征

2-1 号样品岩心饱和原油完成后，采用 LDY-150 驱替流动仪，通过回压控制实验压力，设置驱替压力为 4MPa，该压力点小于临界压力和混相压力，为纯气相 CO_2 驱替实验。利用核磁共振在线测试系统对实验完成的岩心样品进行测试，评价驱替后剩余油分布规律及驱油效率，作为微观可视化薄片模型的对比实验。4MPa 注入压力 CO_2 驱替注采参数见表4.4，吞吐注采参数见表4.5。

表 4.4　4MPa 驱替压力 CO_2 注采参数

编号	渗透率 /mD	注入压力 /MPa	驱替时间 /h	注入速度 /(mL/min)	围压 /MPa	回压 /MPa	出气量 /mL
2-1	0.1573	4	24	0.05	6	3	561.75

表 4.5　4MPa 吞吐压力 CO_2 注采参数

编号	渗透率 /mD	吞吐压力 /MPa	焖井时间 /h	注入速度 /(mL/min)	围压 /MPa	出气量 /mL
2-1	0.1573	4	24	0.05	6	541.69

图4.6 为 2-1 号岩心样品进行 4MPa 注入压力的饱和原油核磁共振 T_2 谱曲线，曲线呈现出单峰形态分布，较小孔喉尺度分布介于 $0.14 \sim 28.86\text{ms}$，在 3.22ms 处达到峰值；较大孔喉分布介于 $28.86 \sim 744.26\text{ms}$，在 59.95ms 处达到峰值。进行 CO_2 驱替后，曲线形态发生变化，表明在大孔喉和小孔喉中原油都有不同程度的动用。

图4.7 为驱替压力为 4MPa 时 CO_2 驱替前后的核磁共振 T_2 谱曲线对比图，图中黑色曲线为 2-1 号岩心样品饱和原油后的核磁共振 T_2 谱曲线，红色曲线为 CO_2

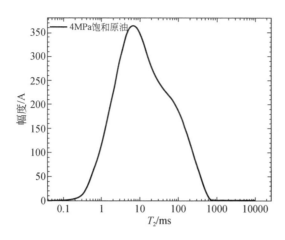

图 4.6　2-1 号岩心饱和原油核磁共振 T_2 谱曲线图

驱替后的核磁共振 T_2 谱曲线。可以看到，CO_2 驱替后核磁共振曲线形态没有发生明显变化，曲线幅度有所下降，通过对比 CO_2 驱替前后的核磁共振 T_2 谱曲线的变化，计算得到此时驱油效率为 51.65%，随着 CO_2 气体的注入，岩心样品中的原油被置换出来，表明 CO_2 驱替效果好。从驱替核磁曲线可以看出，岩心内大孔隙内的部分原油被驱替出，而小孔隙内的原油基本没有被动用，而且大孔隙喉道内的部分原油仍然留存，没有被驱替出。

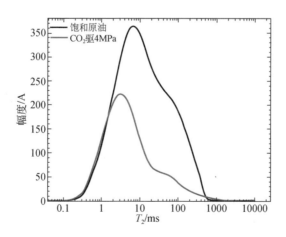

图 4.7　2-1 号岩心 CO_2 驱替前后对比核磁共振 T_2 谱曲线图

图4.8为2-1号岩心样品驱替后吞吐核磁共振T_2谱曲线，图中黑色曲线为2-1号岩心样品饱和原油后的核磁共振T_2谱曲线，红色曲线为CO_2驱替后的核磁共振T_2谱曲线，蓝色曲线为进行CO_2吞吐后的核磁共振T_2谱曲线。可以看到，驱替压力为4MPa进行CO_2驱替后核磁共振曲线形态没有发生明显变化，曲线幅度有所下降。进行CO_2吞吐后，明显发现曲线形态发生变化，相较于气体驱替时的曲线，该曲线整体下移，幅度减小。CO_2吞吐后，岩心样品中原油进一步被驱替出来，通过对比吞吐前后核磁共振曲线可以得到，此时2-1号岩心样品驱油效率为60.91%，表明在连续气驱过后，进行吞吐可以将剩余油继续置换出来，提高最终驱油效率。从吞吐核磁曲线可以看出，当经过24h的吞吐后，由于此时的吞吐压力只有4MPa，对于小孔隙内的可动原油驱替效果仍然有限，还有很多小孔隙内的原油无法被动用，大孔隙内的原油基本已经被驱替完，使得岩心内的剩余油主要留存在小孔隙内。

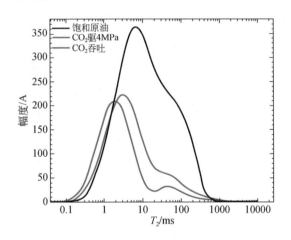

图4.8　2-1号岩心样品驱替后吞吐核磁共振T_2谱曲线图

从图4.9可以看到，刚开始随着驱替时间的增加出油量在不断上升，出油速度基本不变，当驱替时间达到1h左右，出油量缓慢减少，当驱替时间超过20h以后，基本不再出油，最终出油量为1.8mL。

从图4.10可以看到，刚开始由于压力相对较高，打开出口端后，累计出液量不断增加，随着压力的减小，出油速度也在不断减小，经过100min左右，不再有原油被析出，当压力降为大气压后静置一段时间后结束实验，吞吐累计出油量为0.3mL。

在注入压力为4MPa的气相CO_2驱替+吞吐阶段，通过对岩心尺度CO_2驱油曲

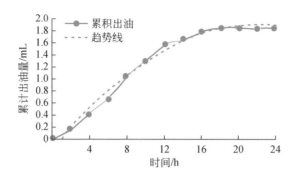

图 4.9 2-1 号岩心驱替累计出油量曲线图

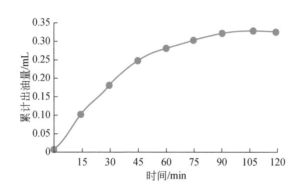

图 4.10 2-1 号岩心吞吐累计出油量曲线图

线特征、不同尺度孔喉原油动用情况及驱油效率评价，可明确该压力系统下的 CO_2 微观地质封存特征。综合分析可知，4MPa 气相 CO_2 驱替+吞吐主要动用大孔隙喉道内的原油，还有很多小孔隙喉道内的原油无法被动用，驱替前期主要沿大孔隙喉道渗流，随着驱替时间的增加，微观渗流通道由单一的大孔隙喉道逐步转变为复杂的小孔隙喉道渗流通道。该阶段一部分 CO_2 会随着原油流动至出口端散逸；另外一部分 CO_2 会在驱替形成的渗流通道内物理封存，微观地质封存空间主要为大孔隙喉道渗流通道。

二、超临界 CO₂驱油与封存特征

2-2 号岩心样品饱和原油完成后，采用 LDY-150 驱替流动仪，通过回压控制实验压力，设置驱替压力为 8MPa，该压力点介于超临界压力和混相压力之间，从而进行超临界 CO_2 驱替实验。利用核磁共振在线测试系统对 8MPa 驱替压力完成的岩心样品进行核磁共振测试，观测驱替过后剩余油的分布情况及驱油效率，作为微观可视化薄片模型的对比实验，8MPa 注入压力 CO_2 驱替注采参数见表 4.6，吞吐注采参数见表 4.7。

表 4.6　8MPa 驱替压力 CO_2 注采参数

编号	渗透率 /mD	注入压力 /MPa	驱替时间 /h	注入速度 /(mL/min)	围压 /MPa	回压 /MPa	出气量 /mL
2-2	0.1621	8	24	0.05	10	7	1390.09

表 4.7　8MPa 吞吐压力 CO_2 注采参数

编号	渗透率 /mD	吞吐压力 /MPa	焖井时间 /h	注入速度 /(mL/min)	围压 /MPa	出气量 /mL
2-2	0.1621	8	24	0.05	10	1341.03

图 4.11 为 2-2 号岩心样品在 8MPa 注入压力下的饱和原油核磁共振 T_2 谱曲线图，曲线呈现出近双峰形态分布，左峰尺度分布介于 0.14 ~ 11.57ms，在 1.55ms 处达到峰值；右峰尺度分布介于 11.57 ~ 258.64ms，在 59.95ms 处达到峰值。从核磁共振 T_2 谱可以看出较小孔喉信号强度大，较大孔喉峰值小，表明 2-2 号岩心样品主要发育小孔喉，大孔喉分布范围小，发育较弱。

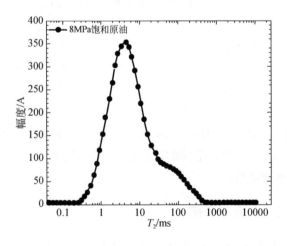

图 4.11　2-2 号岩心样品饱和原油核磁共振 T_2 谱曲线图

图 4.12 为驱替压力为 8MPa 的 CO_2 驱替后核磁共振 T_2 谱曲线对比图, 图中黑色曲线为 2-2 号岩心样品饱和原油后的核磁共振 T_2 谱曲线, 红色曲线为 CO_2 驱替后的核磁共振 T_2 谱曲线。可以看到, 驱替压力为 8MPa 进行 CO_2 驱替后核磁共振曲线形态没有发生明显变化, 曲线大幅度下降, 由于在该压力点下 CO_2 达到超临界状态, 通过对比 CO_2 驱替前后的核磁共振 T_2 谱曲线的变化, 计算得到此时驱油效率为 66.96%, 随着 CO_2 气体的注入, 岩心样品中的原油被置换出来, 驱油效率增加明显, 相比于 2-1 号岩心样品其驱油效率提高 15.31%。同时, 此时该压力点超过临界点, 超临界 CO_2 驱替效果相比于气相 CO_2 驱替效果更好, 能够很好动用岩心样品中较大孔喉以及较小孔喉的原油, 提高驱油效率。从核磁曲线来看岩心内大孔隙内的可动流体大部分被驱替, 小孔隙内可动流体动用程度较低。

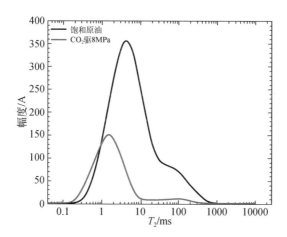

图 4.12 2-2 号岩心样品 CO_2 驱替后核磁共振 T_2 谱曲线图

图 4.13 为 2-2 号岩心样品吞吐核磁共振 T_2 谱曲线图, 图中黑色曲线为 2-2 号岩心样品饱和原油后的核磁共振 T_2 谱曲线, 红色曲线为 CO_2 驱替后的核磁共振 T_2 谱曲线, 蓝色曲线为进行 CO_2 吞吐后的核磁共振 T_2 谱曲线。可以看到, 驱替压力为 8MPa 进行 CO_2 驱替后, 核磁共振曲线形态没有发生明显变化, 曲线幅度大幅下降。连续气驱结束后, 进行 CO_2 吞吐实验, 焖井压力为 8MPa。进行 CO_2 吞吐后, 曲线形态基本没有发生改变, 该曲线整体下移, 幅度减小。随着 CO_2 吞吐, 岩心样品中原油进一步被驱替出来, 通过对比吞吐前后核磁共振曲线可以得到, 此时 2-2 号岩心样品驱油效率为 70.68%。实验表明在 8MPa 实验压力下进

行 CO_2 吞吐实验可以大幅提高岩心驱油效率，相比于 2-1 号岩心样品其吞吐驱油效率提高 9.77%。同时表明，当实验压力大于临界压力时也会提高驱油效率。超临界 CO_2 注入岩心后会与岩石发生反应，进一步动用小孔隙内的可动流体，从而达到提高驱油效率的目的。

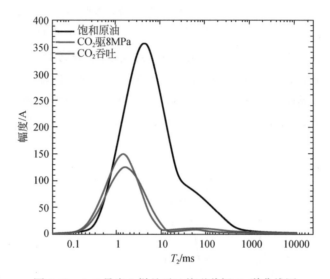

图 4.13　2-2 号岩心样品吞吐核磁共振 T_2 谱曲线图

从图 4.14 可以看到，出油量与 CO_2 驱替时间呈正相关关系，在驱替前期出油量的增量比较大，当驱替 12h 之后，出油速度逐渐平稳，出油量的增量变小，当驱替时间超过 20h 以后，基本不再出油，最终出油量为 2.25mL。

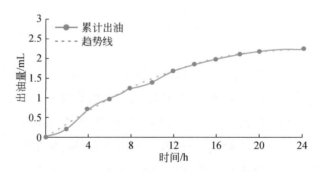

图 4.14　2-2 号岩心驱替累计出油量曲线图

从图 4.15 可以看到，刚开始由于压力比较高，打开出口端后，累计出液量不断增加，压降速率基本保持稳定，随着泄压不断进行，出油速度不断减小，经过2h左右，出油量基本保持不变，当压力降为大气压后静置一段时间后结束实验，吞吐累计出油量为0.13mL。

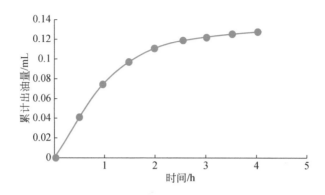

图4.15　2-2号岩心吞吐累计出油量曲线图

在超临界CO_2驱替+吞吐阶段，通过对岩心尺度CO_2驱油曲线特征、不同尺度孔喉原油动用情况及驱油效率评价，可进一步揭示该压力系统下的CO_2微观地质封存特征。综合分析可知，超临界CO_2驱油吞吐波及区域相较于气相CO_2阶段大幅度提升，超临界CO_2主要动用大孔隙喉道内的原油，同时部分会渗流到小孔隙喉道内，随着驱替压力的增加，超临界状态的CO_2气体渗流形状更加复杂，波及范围更大，微观驱替通道范围相较于气相CO_2阶段进一步增加。因此，在该阶段CO_2主要在大孔隙喉道及复杂微、纳米孔隙喉道渗流区域内物理封存，微观地质封存空间较气相CO_2吞吐驱油阶段更大。

三、CO_2非混相驱油与封存特征

在前期气相和超临界状态实验基础上，进一步增加CO_2注入压力，使其能够较好地渗入微、纳米孔隙介质中与原油发生相互作用，将膨胀原油体积、降低原油黏度、萃取轻质组分等优势作用充分发挥。进一步明确增加CO_2注入压力条件下非混相CO_2驱油曲线特征、不同尺度孔喉原油动用情况及地质封存规律，并明确致密砂岩油藏在CO_2非混相条件下的驱油与封存岩心尺度渗流规律。

（一）12MPa压力CO_2驱替

2-3号岩心饱和原油完成后，采用LDY-150驱替流动仪，通过回压控制实验压力，设置驱替压力为12MPa，该压力点介于临界压力和混相压力之间，从而进

行非混相 CO_2 驱替实验。利用核磁共振在线测试系统对 12MPa 驱替压力完成的岩心样品进行核磁共振测试，观测驱替过后剩余油的分布情况及驱油效率，作为微观可视化薄片模型的对比实验，12MPa 注入压力 CO_2 驱替注采参数见表4.8，吞吐注采参数见表4.9。

表 4.8　12MPa 驱替压力 CO_2 注采参数

编号	渗透率 /mD	注入压力 /MPa	驱替时间 /h	注入速度 /（mL/min）	围压 /MPa	回压 /MPa	出气量 /mL
2-3	0.1028	12	24	0.05	14	11	2890.25

表 4.9　12MPa 吞吐压力 CO_2 注采参数

编号	渗透率 /mD	吞吐压力 /MPa	焖井时间 /h	注入速度 /（mL/min）	围压 /MPa	出气量 /mL
2-3	0.1028	12	24	0.05	14	2788.25

图 4.16 为2-3 号岩心在 12MPa 注入压力下的饱和原油核磁共振 T_2 谱曲线图，曲线呈现出单峰形态分布，较小孔喉分布介于 0.1～13.89ms，在 2.15ms 处达到峰值；较大孔喉分布介于 13.89～179.46ms，在 41.96ms 处达到峰值。在该压力点下达到非混相状态，从核磁共振 T_2 谱可以看出较小孔喉信号强度大，较

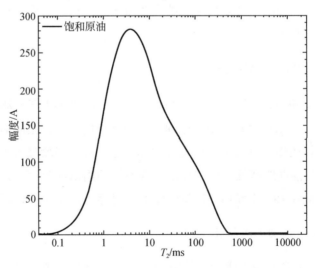

图 4.16　2-3 号岩心饱和原油核磁共振 T_2 谱曲线图

大孔喉信号强度小,表明2-3号岩心主要发育小孔喉,大孔喉分布范围小,发育弱。

图 4.17 为驱替压力为 12MPa 时 CO_2 驱替前后的核磁共振 T_2 谱曲线对比图,图中黑色曲线为 2-3 号岩心样品饱和原油后的核磁共振 T_2 谱曲线,红色曲线为 CO_2 驱替后的核磁共振 T_2 谱曲线。可以看到,驱替压力为 12MPa 进行 CO_2 驱替后核磁共振曲线形态变化不明显,曲线大幅度下降,同样的在该压力点下 CO_2 达到非混相状态,通过对比 CO_2 驱替前后的核磁共振 T_2 谱曲线的变化,计算得到此时驱油效率为 67.54%,随着 CO_2 气体的注入,岩心样品中的原油被置换出来,相比于 2-2 号岩心样品其驱油效率提高 0.58%。表明非混相 CO_2 驱替后效果较好。同时,非混相 12MPa 的 CO_2 驱替也能够较好动用岩心样品中较大孔喉以及较小孔喉的原油,提高驱油效率。从核磁曲线来看,原油的驱油效率主要来自大孔隙喉道提供,小孔隙内的可动流体动用程度较低。

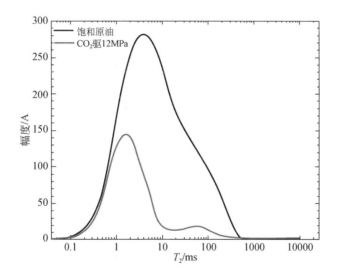

图 4.17 2-3 号岩心 CO_2 驱替前后对比核磁共振 T_2 谱曲线图

图 4.18 为 2-3 号岩心样品吞吐核磁共振 T_2 谱曲线图,图中黑色曲线为 2-3 号岩心样品饱和原油后的核磁共振 T_2 谱曲线,红色曲线为 CO_2 驱替后的核磁共振 T_2 谱曲线,蓝色曲线为进行 CO_2 吞吐后的核磁共振 T_2 谱曲线。可以看到,驱替压力为 12MPa 进行 CO_2 驱替后核磁共振曲线形态变化明显,呈现单峰分布状态,曲线大幅度下降,同样的在该压力点下 CO_2 达到非混相状态,相比于 8MPa 驱替来说,驱油效率进一步提高。随着 CO_2 气体的注入,岩心样品中的原油被置

换出来。连续气驱结束后，进行 CO_2 吞吐实验，焖井压力为24h。进行 CO_2 吞吐后，曲线呈现近双峰形态，该曲线整体下移，幅度减小，表明进行吞吐后，孔喉中的原油被置换出来。通过对比吞吐前后核磁共振曲线可以得到，此时2-3号岩心样品驱油效率为71.54%。从吞吐后的核磁曲线来看，由于压力已经达到非混相压力，大孔隙内的原油已经被驱替完，小孔隙喉道内的部分原油也被动用，此时的驱替效率相比于2-2号岩心样品其吞吐驱油效率提高0.86%。

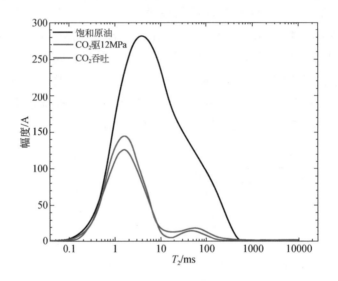

图4.18　2-3号岩心吞吐核磁共振 T_2 谱曲线图

从图4.19可以看到，初始时刻（0~12h）出油量在不断上升，稳定增加，出油速度基本保持不变，当驱替时间达到20h后，出油量增加速度缓慢减少，当驱替时间超过22h以后，出油速度基本为零，出油量不再增加，最终出油量为2.32mL。

从图4.20可以看到，刚开始由于压力相对较高，打开出口端后，累计出液量不断增加，随着压力的减小，出油速度也在不断减小，经过105min左右，不再有原油被驱出，当压力降为大气压后静置一段时间后结束实验，吞吐累计出油量为0.13mL。

（二）16MPa 压力 CO_2 驱替

2-4号岩心饱和原油完成后，采用LDY-150驱替流动仪，通过回压控制实验压力，设置驱替压力为16MPa，该压力点介于超临界压力和混相压力之间，从而

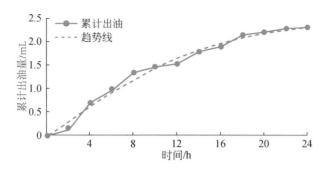

图4.19 2-3号岩心驱替累计出油量曲线图

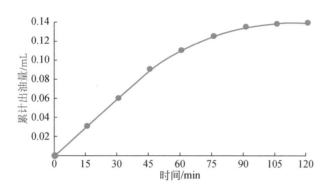

图4.20 2-3号岩心吞吐累计出油量曲线图

进行非混相 CO_2 驱替实验。利用核磁共振在线测试系统对16MPa驱替压力完成的岩心样品进行核磁共振测试，观测驱替过后剩余油的分布情况及驱油效率，作为微观可视化模型的对比实验，16MPa注入压力 CO_2 驱替注采参数见表4.10，吞吐注采参数见表4.11。

表4.10 16MPa 驱替压力 CO_2 注采参数

编号	渗透率 /mD	注入压力 /MPa	驱替时间 /h	注入速度 /(mL/min)	围压 /MPa	回压 /MPa	出气量 /mL
2-4	0.0522	16	24	0.05	18	15	4941.45

表4.11 16MPa 吞吐压力 CO_2 注采参数

编号	渗透率 /mD	吞吐压力 /MPa	焖井时间 /h	注入速度 /(mL/min)	围压 /MPa	出气量 /mL
2-4	0.0522	16	24	0.05	18	4882.63

图 4.21 为 2-4 号岩心样品在 16MPa 注入压力下的饱和原油核磁共振 T_2 谱曲线，曲线呈现出近双峰形态分布，较小孔喉尺度分布介于 0.12 ~ 3.22ms，在 0.75ms 处达到峰值；较大孔喉分布介于 3.2 ~ 20.3ms，在 6.69ms 处达到峰值。同样，在该压力点下达到非混相状态。从核磁共振 T_2 谱可以看出较小孔喉信号强度大，较大孔喉峰值小。表明 2-4 号岩心样品主要发育小孔喉，大孔喉分布范围小，发育弱。

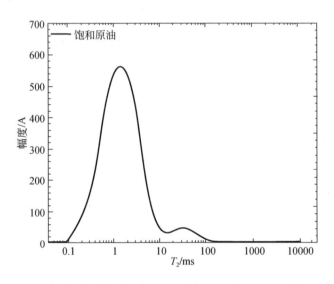

图 4.21　2-4 号岩心饱和原油核磁共振 T_2 谱曲线图

图 4.22 为驱替压力为 16MPa 时 CO_2 驱替后核磁共振 T_2 谱曲线对比图，图中黑色曲线为 2-4 号岩心样品饱和原油后的核磁共振 T_2 谱曲线，红色曲线为 CO_2 驱替后的核磁共振 T_2 谱曲线。可以看到，驱替压力为 16MPa 进行 CO_2 驱替后核磁共振曲线形态变化明显，呈现较小孔喉占比大，较大孔喉发育弱的分布状态，并且驱替后较大孔喉尺度进一步减小，曲线大幅度下降，该压力点 CO_2 达到非混相状态。通过对比 CO_2 驱替前后的核磁共振 T_2 谱曲线的变化，计算得到此时驱油效率为 71.17%，表明非混相 CO_2 驱替后效果好，而且随着压力的增大，驱油效率不断增加。在驱替压力达到非混相压力后，CO_2 溶解于原油中，此时原油流动能力进一步增强，大孔隙和小孔隙喉道内的可动流体均有效动用，驱油效率较高，此时的驱替效率相比于 2-3 号岩心样品率提高了 3.63%。

图 4.23 为 2-4 号岩心样品驱替后吞吐核磁共振 T_2 谱曲线图，图中黑色曲线为 2-4 号岩心样品饱和原油后的核磁共振 T_2 谱曲线，红色曲线为 CO_2 驱替后的核

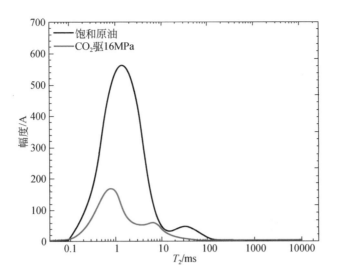

图 4.22　2-4 号岩心 CO₂ 驱替后核磁共振 T_2 谱曲线图

磁共振 T_2 谱曲线，蓝色曲线为进行 CO₂ 吞吐后的核磁共振 T_2 谱曲线。可以看到，驱替压力为 16MPa 进行 CO₂ 驱替后核磁共振曲线形态变化明显，呈现更为显著的单峰分布状态，并且驱替后较大孔喉尺度进一步减小，曲线幅度下降，驱油效率进一步提高。进行 CO₂ 吞吐后，曲线呈现单峰形态，该曲线整体下移，幅度减

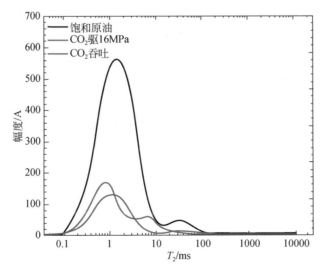

图 4.23　2-4 号岩心样品驱替后吞吐核磁共振 T_2 谱曲线图

小，表明进行吞吐后，孔喉中的原油被置换出来。通过对比吞吐前后核磁共振曲线可以得到，此时 2-4 号岩心样品驱油效率为 79.19%。从吞吐后的核磁曲线来看，由于压力已经达到非混相压力，大孔隙内的原油已经被完全动用，小孔隙喉道内还有少部分剩余油，此时的驱替效率相比于 2-3 号岩心样品其吞吐驱油效率提高 7.65%。

从图 4.24 可以看到，初始时刻随着驱替时间的增加出油量在不断上升，出油速度增加较快，当驱替时间达到 1h 左右，出油量缓慢上升，当驱替时间超过 20h 以后，出油速度基本为零，出油量基本不再增加，最终出油量为 2.72mL。

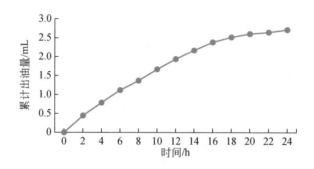

图 4.24　2-4 号岩心驱替累计出油量曲线图

从图 4.25 可以看到，刚开始由于压力相对较高，打开出口端后，累计出液量不断增加，随着压力的减小，出油速度也在不断减小，经过 100min 左右，不再有原油被析出，当压力降为大气压后静置一段时间后结束实验，吞吐累计出油量为 0.32mL。

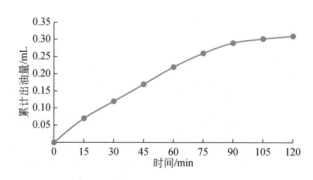

图 4.25　2-4 号岩心吞吐累计出油量曲线图

在持续增加注入压力的非混相 CO_2 驱替+吞吐阶段，通过对岩心尺度 CO_2 驱油曲线特征、不同尺度孔喉原油动用情况及驱油效率评价，可明确该压力系统下的 CO_2 微观地质封存特征。综合分析可知，非混相 CO_2 驱油吞吐渗流空间相较于超临界 CO_2 阶段波及范围更大，非混相 CO_2 主要动用大孔隙喉道内的原油，同时较大一部分还会波及渗流能力差的小孔隙喉道，达到非混相状态的 CO_2 气体渗流空间更加复杂。因此，在该阶段 CO_2 主要在大孔隙喉道及渗流能力差的小孔隙喉道内物理封存，一部分 CO_2 会随着原油流动至井口散逸；还有少部分 CO_2 与地层水–岩石相互作用反应溶解实现化学封存，微观驱油渗流空间相较于气相和超临界 CO_2 驱替+吞吐阶段进一步扩大。

四、CO₂混相驱油与封存特征

当 CO_2 注入压力大于最小混相压力（19.4MPa）时，CO_2 与原油形成混相，此时 CO_2 不仅可以降低原油黏度、萃取轻质组分、补充地层弹性能量，还可形成特殊的混相带，增强 CO_2–原油体系流动能力，有效提高 CO_2 波及体积和驱油效率。2-5 号岩心饱和原油完成后，采用 LDY-150 驱替流动仪，通过回压控制实验压力，设置驱替压力为 20MPa，该压力点达到混相状态。利用核磁共振在线测试系统对 20MPa 驱替压力完成的岩心样品进行核磁共振测试，观测驱替过后剩余油的分布情况及驱油效率，作为微观可视化薄片模型的对比实验，CO_2 驱替注采参数见表 4.12，吞吐注采参数见表 4.13。

表 4.12　20MPa 驱替压力 CO₂注采参数

编号	渗透率 /mD	注入压力 /MPa	驱替时间 /h	注入速度 /(mL/min)	围压 /MPa	回压 /MPa	出气量 /mL
2-5	0.2175	20	24	0.05	22	19	4665.79

表 4.13　20MPa 吞吐压力 CO₂注采参数

编号	渗透率 /mD	吞吐压力 /MPa	焖井时间 /h	注入速度 /(mL/min)	围压 /MPa	出气量 /mL
2-5	0.2175	20	24	0.05	22	4503.03

图 4.26 为 2-5 号岩心样品在 20MPa 注入压力下的饱和原油核磁共振 T_2 谱曲线，曲线呈现出近双峰形态分布，较小孔喉尺度分布介于 0.1 ~ 16.68ms，在 1.55ms 处达到峰值；较大孔喉分布介于 16.68 ~ 149.49ms，在 59.95ms 处达到峰

值。实验系统压力超过最小混相压力，从核磁共振 T_2 谱可以看出较小孔喉信号强度大，较大孔喉信号强度小，表明 2-5 号岩心主要发育小孔喉，大孔喉分布范围小，发育弱，非均质性相对弱。

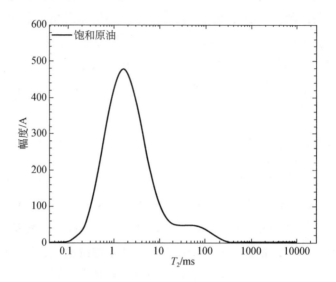

图 4.26　2-5 号岩心饱和原油核磁共振 T_2 谱曲线图

图 4.27 为驱替压力为 20MPa 的 CO_2 驱替后的核磁共振 T_2 谱曲线对比图，图中黑色曲线为 2-5 号岩心样品饱和原油后的核磁共振 T_2 谱曲线，红色曲线为 CO_2

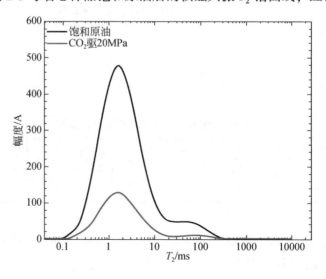

图 4.27　2-5 号岩心 20MPaCO_2 驱替后对比核磁共振 T_2 谱曲线图

驱替后的核磁共振 T_2 谱曲线。可以看到，驱替压力为 20MPa 时进行 CO_2 驱替后核磁共振曲线形态变化明显，呈现近双峰分布状态，并且驱替后较大孔喉尺度略微减小，相比 2-4 号岩心样品大孔喉尺度减小程度明显减弱。随着 CO_2 气体的注入，CO_2 达到混相状态，曲线大幅度下降，岩心样品中的原油被高效置换出来。这相比于 2-4 号岩心该压力点下 CO_2 驱油效率提高 2.76%，此时驱油效率为 73.93%，表明当实验系统压力超过最小混相压力时，CO_2 在原油中溶解程度达到最大，驱油效率达到最高。这不仅可以高效动用大孔隙中的原油，而且还能很好地动用小孔喉的原油；此时 CO_2 不仅可以提高原油流动能力、降低原油黏度、萃取轻质组分、补充地层弹性能量，还可形成特殊的混相带，这对于提高 CO_2 波及体积具有重要贡献。

　　图 4.28 为 2-5 号岩心样品驱替后吞吐核磁共振 T_2 谱曲线图，图中黑色曲线为 2-5 号岩心样品饱和原油后的核磁共振 T_2 谱曲线，红色曲线为 CO_2 驱替后的核磁共振 T_2 谱曲线，蓝色曲线为进行 CO_2 吞吐后的核磁共振 T_2 谱曲线。可以看到，驱替压力为 20MPa 进行 CO_2 驱替后核磁共振曲线呈现更为显著的单峰分布状态，并且驱替后较大孔喉尺度进一步减小，曲线大幅度下降，相比于 16MPa 驱替压力而言，驱油效率进一步提高。随着 CO_2 气体的注入，岩心样品中的原油被高效置换出来。连续气驱结束后，进行 CO_2 吞吐实验，焖井憋压 24h。进行 CO_2 吞吐后，曲线呈现单峰形态，较小孔喉曲线下降幅度大，较大孔喉曲线基本没有变化，表明进行吞吐后，能够有效将较小孔喉中的原油被置换出来。通过对比吞吐核磁共振曲线可以得到，此时 2-5 号岩心样品驱油效率为 80.53%，相比于 2-4 号岩心样品，其吞吐驱油效率提高了 1.34%，CO_2 混相条件下的驱油效率是最高的。实验表明在 20MPa 实验压力下进行 CO_2 吞吐实验可以大幅提高岩心驱油效率。从吞吐后的核磁曲线可以看到，由于之前驱替过程使得大孔隙喉道内的可动原油基本已经被驱出，而小孔隙内的可动流体只有很少一部分被驱出，经过 24h 焖井吞吐实验，CO_2 的混相带不断在小孔隙内波及扩散，使得小孔隙内的原油被高效动用，从而离开了小孔隙内被 CO_2 以混相的形式驱出。

　　从图 4.29 可以看到，初始时刻（0~2h）随着驱替时间的增加出油量在不断上升，出油速度增加较快，当驱替时间达到 14h 左右，出油速度增加幅度减少，出油量还在缓慢增加，当驱替时间超过 20h 以后，出油速度基本为零，出油量基本不再增加，最终出油量为 2.28mL。

　　从图 4.30 可以看到，吞吐开始时打开出口端后，由于压力较高，累计出液

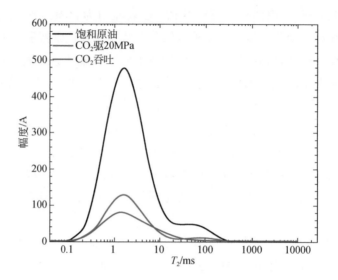

图 4.28 2-5 号岩心样品驱替后吞吐核磁共振 T_2 谱曲线图

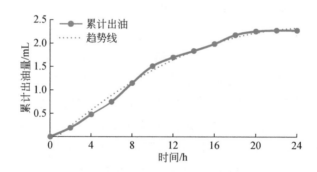

图 4.29 2-5 号岩心驱替累计出油量曲线图

量增加幅度较大，随着压力的减小，出油速度在不断减小，但累计出液量不断增加，经过 9h 左右，不再有原油被驱出，当压力降为大气压后静置一段时间后结束实验，吞吐累计出油量为 0.19mL。

进入混相 CO_2 驱替+吞吐阶段，CO_2 驱油效率达到最高值，通过对岩心尺度 CO_2 驱油曲线特征、不同尺度孔喉原油动用情况评价，可明确该压力系统下的 CO_2 微观地质封存特征。综合分析可知，混相 CO_2 驱油渗流路径与波及范围更为复杂，当 CO_2 扩散波及范围达到最大值时，驱油效率升至最高值（80.53%）。混相 CO_2 主要动用大孔隙喉道内的原油，同时相当大一部分 CO_2 还会波及渗流能力

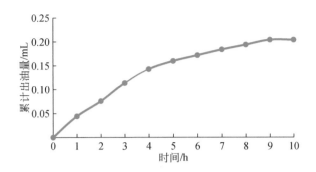

图4.30 2-5号岩心吞吐累计出油量曲线

差的复杂微、纳米孔隙喉道。因此，混相CO$_2$主要在大孔隙喉道及复杂微、纳米孔隙喉道内物理封存，一部分CO$_2$会随着原油流动至井口散逸，还有少部分CO$_2$与地层水-岩石相互作用溶解矿化实现化学封存，微观地质封存空间相较于超临界和非混相CO$_2$驱替+吞吐阶段显著扩大。

本 章 小 结

通过不同相态的CO$_2$驱油吞吐与地质封存岩心尺度实验结果，明确了CO$_2$综合驱油效率及地质封存规律，得到以下结论。

（1）随着驱替吞吐压力的升高，CO$_2$在岩心尺度模拟实验中的驱油效率呈现单调增加的趋势。当CO$_2$达到超临界状态，驱油效率及波及范围增加幅度较大，驱替阶段综合驱油效率由气相阶段的51.70%提升至66.96%；吞吐阶段综合驱油效率由气相阶段的60.91%提升至70.68%。

（2）当CO$_2$达到混相状态后，CO$_2$能最大限度的动用大孔隙和小孔隙喉道的原油，驱油效率大幅提升，驱替阶段综合驱油效率由非混相阶段的67.54%提升至73.93%；吞吐阶段综合驱油效率由非混相阶段的71.54%提升至80.53%。

（3）不同相态的CO$_2$驱替吞吐阶段，CO$_2$驱油渗流路径及波及范围逐渐扩大，形成由单一大孔隙喉道-复杂微、纳米孔隙喉道分布的过渡形态，进入混相吞吐阶段后，吞吐前缘带以指状形式推进。CO$_2$主要在单一的大孔隙喉道及复杂微、纳米孔隙喉道内物理封存，另一部分CO$_2$会随着原油流动至井筒被采出逸散。

（4）实验表明，在混相CO$_2$驱替吞吐实验后，驱油效率达到最高值，并且吞吐比驱替效率更高。对于矿场试验而言，如果选择注气生产，当产量增加到一定程度不再大幅度提高时，可以选择 CO_2 吞吐生产，进一步提高原油采收率。

（5）本章作为第二章的对比实验，不仅验证了 CO_2 的驱油效率与驱替压力呈现正相关关系，同时 CO_2 在超临界状态以及混相状态的驱油效率也进一步验证了第二章微观可视化薄片模型的驱油效率。

第五章　CO$_2$驱油与封存微流控模拟

第一节　微流控模拟实验设置

目前，微流控芯片技术可用于评价油藏微米尺度空间内的驱替渗流特征。通过将致密砂岩储层内部的孔隙喉道结构集成刻蚀到微流控芯片，同时将原油与地层水注入芯片中，开展 CO$_2$驱油与地质封存微流控模拟实验，观察 CO$_2$在微米孔隙喉道内的渗流路径和扩散波及过程。通过微流控技术视角评价 CO$_2$驱孔喉原油动用特征，辅助可视化薄片模型和岩心实验共同揭示致密砂岩油藏 CO$_2$驱油与地质封存机理。

一、实验材料及设备

基于微流控技术开展微观 CO$_2$驱油实验，微流控系统实验装置如图 5.1 所示。本实验原油样品取自鄂尔多斯盆地长 6 油藏，配置模拟地层水矿化度为 25000mg/L。实验设备包括：微流控芯片、显微镜、高速摄像机、计算机、驱替泵、一次性微孔滤膜等。

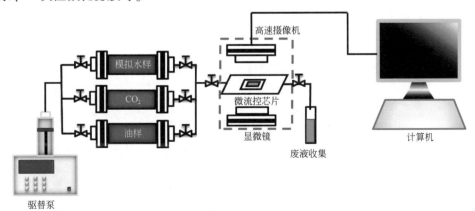

图 5.1　微流控系统实验装置

二、微流控芯片制作

常用于制作微流控芯片的材料包括硅、玻璃、聚二甲基硅氧烷（PDMS）、聚甲基丙烯酸甲酯（PMMA）等，其中 PDMS 芯片成本低且易复制，可大批量制作，以确保实验的初始状态完全一致。因此，应用软刻蚀技术制作具有规则孔隙结构的 PDMS 芯片。实验试剂选取道康宁 SYLGARD 184 硅橡胶（由基本组分 A 胶+固化剂 B 胶组成）。实验器材包括：精密天平、真空泵、干燥器、等离子清洗机、鼓风干燥机、一次性搅拌容器、滴定管、培养皿、载玻片等。微流控芯片具体制作过程如下。

（1）制作模具，通过 AutoCAD 设计理想化孔喉结构图纸并打印掩膜，根据掩膜再通过光刻蚀技术制备 PDMS 芯片模具；

（2）配胶匀胶，PDMS 为双组分，分为 A 胶和 B 胶，使用高精度天平，配比重量为 10∶1，并充分搅拌（A 胶和 B 胶的配比越大，胶体凝固后越软）；

（3）除泡筑模，将充分搅拌的 PDMS 放入真空泵中进行抽真空操作，待气泡除尽后取出待用，PDMS 模塑采用的铬板掩膜，将 PDMS 浇筑到模具中，放入恒温干燥箱中（65℃）静置 3~4h 进行固化筑模；

（4）剥胶切割，加热固化完成后取片待自然冷却降温，分离 PDMS，注意不要损坏模具和 PDMS 芯片结构，同时采用专用 PDMS 切割器，沿着芯片边框进行切割，保持边缘整齐；

（5）打孔键合，采用 PDMS 打孔器进行打孔，并对 PDMS 芯片进行清理，同时采用等离子清洗机处理衬底（PDMS、玻璃），时间 45s，处理完成后，30s 内进行键合，静置一段时间即可。

经过上述步骤制备完成的 PDMS 芯片如图 5.2 所示。

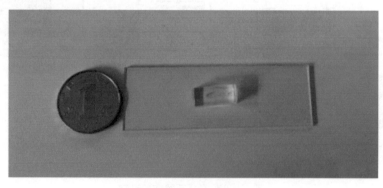

图 5.2　制备完成的 PDMS 芯片

第二节　原始油水分布模型构建

为了模拟 CO₂驱油过程，整个实验过程分为饱和水、饱和原油、CO₂驱油三个阶段。本研究采用模拟地层水样建立实验所需要的含水饱和度，利用驱替泵将溶液由芯片的注入端注入，水溶液逐渐充满芯片内多通道区域。当多孔介质区域充满模拟地层水样时，停止注入水溶液。由于芯片中玻璃微通道具有亲水性，提前注入水溶液可以更好地润湿通道壁面，保证了油样后续的注入以及后续 CO₂注入，以减小实验的误差。

在饱和原油阶段，利用注射器将油样注入到多通道区域中，由于油样黏度大于模拟地层水样黏度，模拟地层水样被油样驱替，并由出口端流出进入到废液瓶中，多通道区域中充满油样后，迅速停止油样注入，整个注入过程中，驱替泵需要控制流速与压力，以建立微流控芯片的原始油水分布模型。如果不饱和水直接进行饱和原油操作，会受到通道中空气的影响，导致油样未能充满整个通道，产生较多的气泡，图 5.3 为饱和水、饱和原油通道对照图。

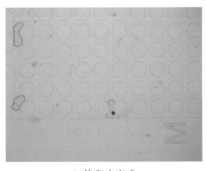 

(a)饱和水完成　　　　　　　　　　　　　(b)饱和油完成

图 5.3　饱和水、饱和原油通道对照图

第三节　CO₂驱油与封存微观特征

完成原始油水模型构建后，开展 CO₂驱替实验，通过注入泵控调节气体压力，并采用倒置显微镜和高速摄像机拍摄驱替后影像，计算驱油效率，流体在芯片内流动方向如图 5.4 所示，剩余油饱和度计算公式 [式（5.1）]、驱油效率计算公式［式（5.2）］如下所示：

$$S_{or} = \frac{A_{or}}{A_o} \times 100\%$$ 　　　　　　　　（5.1）

$$E_{do} = 1 - S_{or}$$ 　　　　　　　　　（5.2）

式中，S_{or} 为剩余油饱和度，% ；A_{or} 为驱替后剩余油面积占比，% ；A_o 为初始油面积占比，% ；E_{do} 为驱油效率，% 。

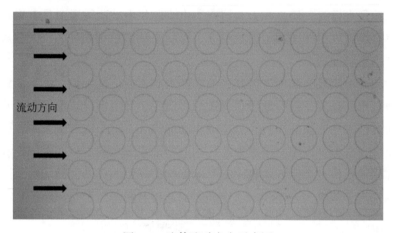

图 5.4　流体流动方向示意图

一、0.1MPa 驱替模式

本实验通过自主设计具有不同孔喉结构，主要包括大孔与小孔，分别计算不同孔喉中 CO_2 驱油效率以及整体孔喉驱油效率，定量表征在不同驱替压力下不同孔喉尺度内原油动用情况，进而明确 CO_2 在微观尺度下的驱油与地质封存机理。驱替压力为 0.1MPa 下小孔处饱和原油影像、CO_2 驱替后影像如图 5.5 所示。

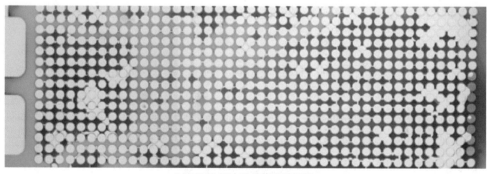

(a)0.1MPa下小孔处饱和油影像

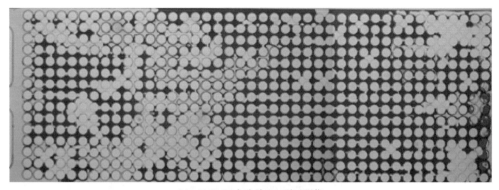

(b)0.1MPa下小孔处CO₂驱后影像

图5.5 0.1MPa下小孔处饱和原油影像、CO₂驱替后影像

如图5.5所示，红褐色部分为剩余油分布情况，空白部分为驱替后不含油的分布情况。通过软件处理后计算红褐色累计面积占比，进而计算驱油效率，将图5.5进行处理后计算累计面积占比，处理后的影像如图5.6所示。

通过计算红褐色区域，计算得出 A_o、A_{or}，结合式（5.1）计算剩余油饱和度 S_{or}，实验结果如表5.1所示。

表5.1 0.1MPa下小孔处相关数据计算结果

名称	结果/%
A_o	36.38
A_{or}	35.95
S_{or}	98.83
E_{do}	1.17

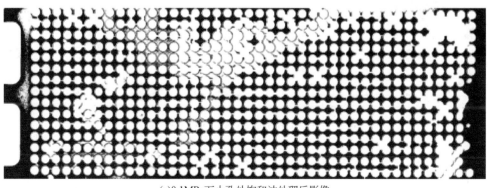

(a)0.1MPa下小孔处饱和油处理后影像

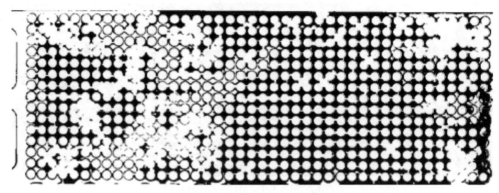

(b)0.1MPa下小孔处CO₂驱后处理后影像

图5.6　0.1MPa下小孔处饱和原油影像、CO₂驱替后处理后影像

如图5.6所示，红褐色部分为剩余油分布情况，空白部分为驱替后不含油的分布情况。计算红褐色累计面积占比，得出 A_o、A_{or}，结合式（5.1）计算剩余油饱和度 S_{or}，初始油面积占比为36.38%，经过 CO₂驱替后，剩余油面积占比为35.95%，此时剩余油饱和度为98.83%，驱油效率为1.17%。

如图5.7所示，通过对局部照片放大观察可知，红色圆圈处孔隙为黑色，此时孔隙中仍然存有油样未排出，红色方框处照片显示为白色，此时孔隙中的油样已被排除，观察0.1MPa下较小孔喉 CO₂驱替后整体影像，较大部分油样未排出，剩余油饱和度相对较大。驱替压力为0.1MPa下大孔处饱和原油影像、CO₂驱替后影像如图5.8所示。

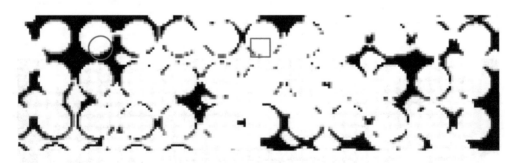

图5.7　0.1MPa下小孔处饱和原油影像、CO₂驱替后处理后局部影像

通过观察图5.8可知，（a）中红褐色流体为油样，基本充满整个芯片，局部区域为白色，则流体并未完全饱和；驱替后影像显示孔隙中基本为白色，则反应

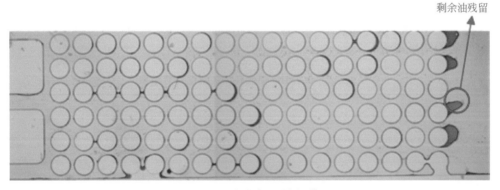

油样未进入空隙

(a)0.1MPa下大孔处饱和油影像

剩余油残留

(b)0.1MPa下大孔处CO₂驱后影像

图 5.8　0.1MPa 下大孔处饱和原油影像、CO₂ 驱替后影像

驱替后油样基本被排出，局部区域有少量残留。计算红褐色累计面积占比，进而计算驱油效率，处理后的影像如图 5.9 所示。

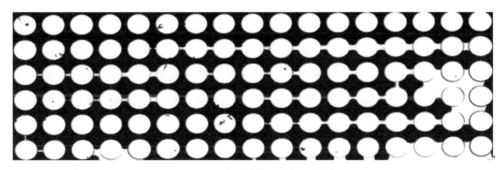

(a)0.1MPa下大孔处饱和油处理后影像

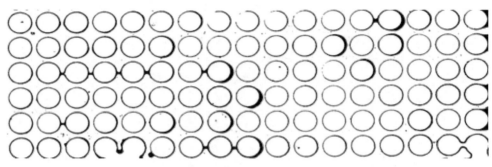

(b)0.1MPa下大孔处CO_2驱后处理后影像

图5.9　0.1MPa下大孔处饱和原油影像、CO_2驱替后处理后影像

通过计算红褐色区域，计算得出 A_o、A_{or}，结合式（5.1）计算剩余油饱和度 S_{or}，实验结果如表5.2所示。

表5.2　0.1MPa 下大孔相关数据计算结果

名称	结果/%
A_o	45.40
A_{or}	8.01
S_{or}	17.64
E_{do}	82.36

如表5.2所示，计算初始油面积占比为45.40%，驱替后剩余油面积占比为8.01%，此时剩余油饱和度为17.64%，驱油效率为82.36%。剩余油饱和度低，驱油效率高，效果明显。对比0.1MPa条件下驱油效果可知，大孔处油样更容易饱和，且CO_2驱替效果好，进而CO_2驱油主要作用在较大孔喉处。对驱替压力为0.1MPa 的大孔、小孔饱和原油影像、CO_2驱替后影像进行软件计算并综合分析，影像如图5.10所示。

如图5.10所示为整体孔处理前后影像，大孔处驱替后剩余油占比较低，驱替效果优于小孔处，通过计算整体孔剩余油饱和度以及驱油效率，实验结果如表5.3所示。

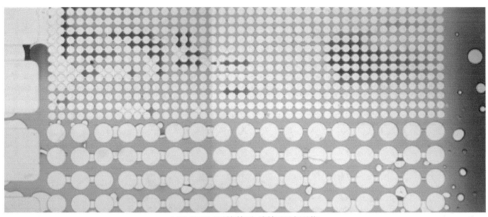

(a)0.1MPa下整体孔处饱和油影像

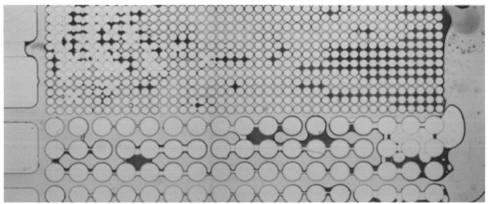

(b)0.1MPa下整体孔处CO₂驱后影像

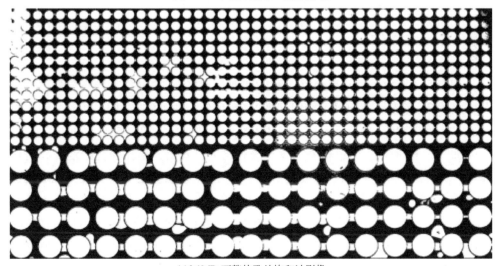

(c)0.1MPa下整体孔处饱和油影像

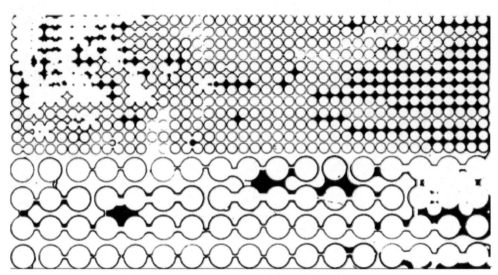

(d)0.1MPa下整体孔处CO_2驱后处理后影像

图 5.10   0.1MPa 下整体孔处理前后影像

表 5.3   0.1MPa 下整体孔相关数据计算结果

名称	结果/%
A_o	38.46
A_{or}	25.63
S_{or}	66.64
E_{do}	33.36

如表 5.3 所示，计算整体孔中初始油面积占比为 38.46%，驱替后剩余油面积占比为 25.63%，此时剩余油饱和度为 66.64%，驱油效率为 33.36%。通过对比在 CO_2 驱 0.1MPa 条件下不同孔喉相关实验参数对比，如图 5.11 所示。

如图 5.11 所示，通过相关实验参数对比可以看出，小孔的初始油面积占比最小，大孔的初始油面积占比最大，充分反映出实验流体更容易在较大孔喉处流动，因孔隙喉道狭小阻碍了流动，因此较大孔喉处初始油面积占比更大，大孔与小孔初始油面积占比相对比，大孔处面积占比多 9.03%；在经过 0.1MPa 下 CO_2 驱替后，剩余油面积占比最低的是大孔处，小孔处剩余油面积占比最大，则是因为 CO_2 更容易在大孔处流动，与油样充分接触并排出油样，进而反映出采用 CO_2

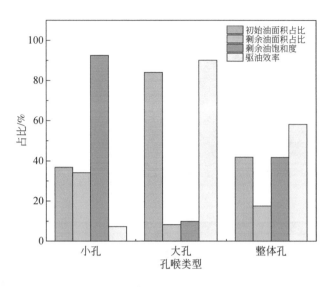

图5.11　CO₂驱 0.1MPa 条件下不同孔喉相关实验参数对比图

驱油主要作用在大孔处，将大孔处与小孔处剩余油面积占比进行对比，大孔处剩余油面积占比小 27.94%；因剩余油面积占比所呈现的规律，计算剩余油饱和度时得到的规律与剩余油面积占比规律相同，实验剩余油样主要赋存于小孔处，进而导致小孔处剩余油饱和度大，大孔处驱替效果明显，剩余油饱和度相对较低；因较小孔处剩余实验油样流体较多，计算驱油效率可得，大孔处驱油效率远超小孔处驱油效率，达到了 82.36%。

在注入压力为 0.1MPa 的气相 CO₂驱替阶段，通过对微流控芯片模型 CO₂驱油不同尺度孔喉原油动用情况及驱油效率评价，可明确该压力系统下的 CO₂微观地质封存特征。综合分析可知，0.1MPa 气相 CO₂驱油主要动用大孔隙喉道内的原油，还有很多小孔隙喉道内的原油无法被动用，驱替前期主要沿大孔隙喉道以指状形式推进，随着驱替时间的增加，微观渗流通道由单一的大孔隙喉道逐步转变为丝带状小孔隙喉道渗流。在该阶段，一部分 CO₂会随着原油流动至出口端散逸；另外一部分 CO₂会在驱替形成的渗流通道内物理封存，微观地质封存空间主要为丝带状的微、纳米孔喉通道。

二、0.3MPa 驱替模式

驱替压力为 0.3MPa 的小孔处饱和原油、CO₂驱替后影像如图 5.12 所示。

(a)0.3MPa下小孔处饱和油影像

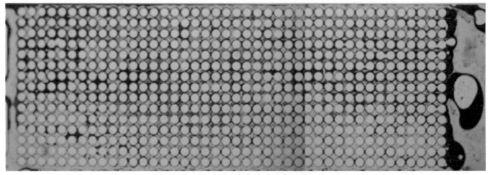

(b)0.3MPa下小孔处CO_2驱后影像

图 5.12　0.3MPa 下小孔处饱和原油影像、CO_2 驱替后影像

　　如图 5.12 所示，红褐色部分为剩余油分布情况，空白部分为驱替后不含油的分布情况。通过计算处理后的红褐色累计面积占比，进而计算驱油效率，将图 5.12 进行处理后计算累计面积占比，处理后的影像如图 5.13 所示。

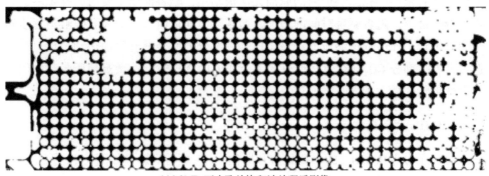

(a)0.3MPa下小孔处饱和油处理后影像

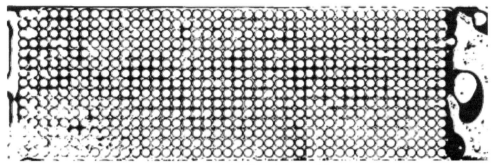

(b)0.3MPa下小孔处饱和油处理后影像

图 5.13　0.3MPa 下小孔处饱和原油影像、CO₂驱替处理后影像

通过计算红褐色区域，计算得出 A_o、A_{or}，结合式（5.1）计算剩余油饱和度 S_{or}，实验结果如表 5.4 所示。

表 5.4　0.3MPa 下小孔处相关数据计算结果

名称	结果/%
A_o	32.56
A_{or}	30.09
S_{or}	92.41
E_{do}	7.59

如表 5.4 所示，计算结果初始油面积占比为 32.56%，经过 CO₂驱替后，剩余油面积占比为 30.09%，此时剩余油饱和度为 92.41%，驱油效率为 7.59%。驱替压力为 0.3MPa 的大孔处饱和原油影像、CO₂驱替后影像如图 5.14 所示。

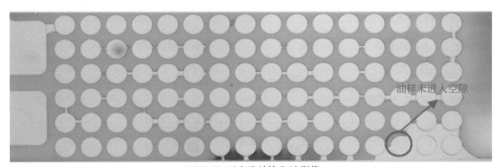

(a)0.3MPa下大孔处饱和油影像

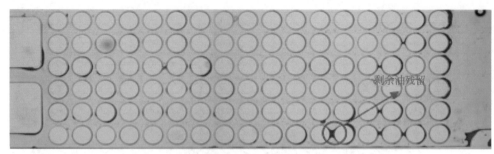

(b)0.3MPa下大孔处CO₂驱后影像

图 5.14　0.3MPa 下大孔处饱和原油影像、CO₂驱替后影像

　　通过图 5.14 观察可知，（a）中红褐色流体为油样，基本充满整个芯片，局部区域为白色，则流体并未完全饱和；驱替后影像显示孔隙中基本为白色，则反应驱替后油样基本被排出，局部区域有少量残留。采用计算处理后影像红褐色累计面积占比，进而计算驱油效率，处理后的影像如图 5.15 所示。

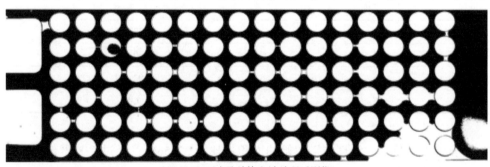

(a)0.3MPa下大孔处饱和油处理后影像

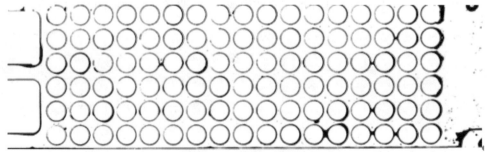

(b)0.3MPa下大孔处饱和油处理后影像

图 5.15　0.3MPa 下大孔处饱和原油影像、CO₂驱替处理后影像

通过计算红褐色区域，计算得出 A_o、A_{or}，结合式（5.1）计算剩余油饱和度 S_{or}，实验结果如表 5.5 所示。

表 5.5 　0.3MPa 下大孔相关数据计算结果

名称	结果/%
A_o	45.76
A_{or}	7.93
S_{or}	17.33
E_{do}	82.67

如表 5.5 所示，计算初始油面积占比为 45.76%，驱替后剩余油面积占比为 7.93%，此时剩余油饱和度为 17.33%，驱油效率为 82.67%。剩余油饱和度低，驱油效率高，效果明显。对比 0.3MPa 条件下驱油效果可知，大孔处油样更容易饱和，且 CO$_2$ 驱替效果好，进而 CO$_2$ 驱油主要作用在较大孔喉处。对驱替压力为 0.3MPa 下大孔、小孔饱和原油影像、CO$_2$ 驱替后影像进行计算并综合分析，结果如图 5.16 所示。

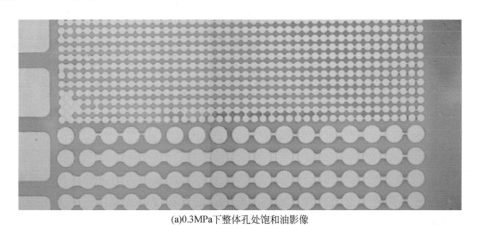

(a)0.3MPa下整体孔处饱和油影像

(b)0.3MPa下整体孔处CO$_2$驱后影像

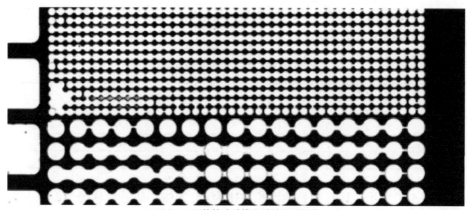

(c)0.3MPa下整体孔处饱和油处理后影像

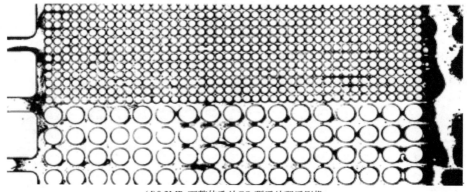

(d)0.3MPa下整体孔处CO_2驱后处理后影像

图 5.16　0.3MPa 下整体孔处理前后影像

　　如图 5.16 所示为整体孔处理前后影像，大孔处驱替后剩余油占比较低，驱替效果优于小孔处，通过软件计算整体孔剩余油饱和度以及驱油效率，实验结果如表 5.6 所示。

表 5.6　0.3MPa 下整体孔相关数据计算结果

名称	结果/%
A_o	42.17
A_{or}	20.87
S_{or}	49.48
E_{do}	50.52

如表 5.6 所示，计算整体孔中初始油面积占比为 42.17%，驱替后剩余油面积占比为 20.87%，此时剩余油饱和度为 49.48%，驱油效率为 50.52%。通过对比在 0.3MPa 条件下，CO_2 驱替不同实验参数，不同孔喉实验结果对比如图 5.17 所示。

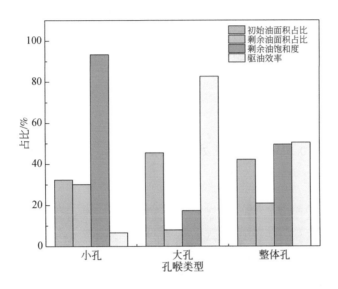

图 5.17　CO_2 驱 0.3MPa 条件下不同孔喉相关实验参数对比图

如图 5.17 所示，通过相关实验参数对比可以看出，小孔处的初始油面积占比最小，大孔处的初始油面积最大，充分反映出实验流体更容易在较大孔喉处流动，因孔隙喉道小阻碍了流体的流动，因此较大孔喉处初始油面积占比更大，将大孔处与小孔处初始油面积占比进行对比，大孔处面积占比多 13.20%；在经过 0.3MPa 下 CO_2 驱替后，大孔处剩余油面积占比最小，小孔处剩余油面积占比最大，则是因为 CO_2 更容易在大孔处流动，与油样充分接触并排出油样，进而反映出采用 CO_2 驱油主要作用在大孔处，将大孔处与小孔处剩余油面积占比进行对比，大孔处剩余油面积占比小 22.16%；因剩余油面积所呈现的规律，计算剩余油饱和度时得到的规律与剩余油面积占比规律相同，实验剩余油样主要赋存于小孔处，进而导致小孔处剩余油饱和度大，大孔处驱替效果明显，剩余油饱和度相对较低；因较小孔处剩余实验油样流体较多，计算驱油效率可得，大孔处驱油效率远超小孔处驱油效率，大孔处驱油效率大 75.08%，且大孔处驱油效率达到了 82.67%。

在注入压力为 0.3MPa 的气相 CO_2 驱替阶段，通过对微流控芯片模型 CO_2 驱油不同尺度孔喉原油动用情况及驱油效率评价，可明确该压力系统下的 CO_2 微观地质封存特征。综合分析可知，0.3MPa 的气相 CO_2 驱油波及区域相较于 0.1MPa 的气相 CO_2 阶段大幅度提升，该阶段主要动用大孔隙喉道内的原油，同时较大一部分会渗流到小孔隙喉道内，驱替前期主要沿大孔隙喉道以指状形式推进，随着驱替时间的增加，微观渗流通道由单一的大孔隙喉道逐步转变为连片状小孔隙喉道。在该阶段，一部分 CO_2 会随着原油流动至出口端散逸；另外一部分 CO_2 会在驱替形成的渗流通道内物理封存，微观地质封存空间主要为连片状的微、纳米孔喉通道。

三、0.5MPa 驱替模式

驱替压力为 0.5MPa 下小孔处饱和原油影像、CO_2 驱替后影像如图 5.18 所示。

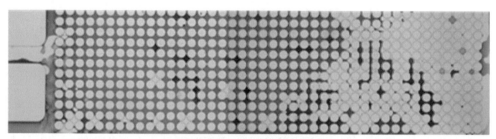

(a)0.5MPa下小孔处饱和油影像

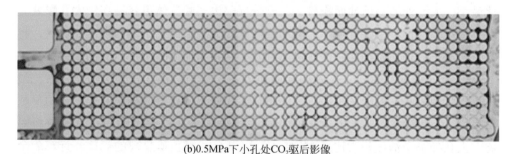

(b)0.5MPa下小孔处CO_2驱后影像

图 5.18　0.5MPa 下小孔处饱和原油影像、CO_2 驱替后影像

如图 5.18 所示，红褐色部分为剩余油分布情况，空白部分为驱替后不含油的分布情况。通过计算处理后红褐色累计面积占比，进而计算驱油效率，将图 5.18 进行处理后计算累计面积占比，处理后的影像如图 5.19 所示。

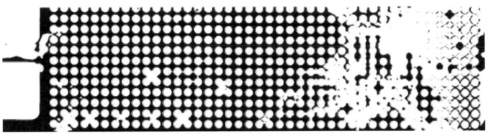

(a)0.5MPa下小孔处饱和油处理后影像

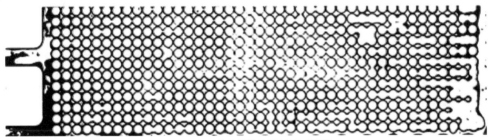

(b)0.5MPa下小孔处饱和油处理后影像

图 5.19　0.5MPa 下小孔处饱和原油影像、CO₂驱替处理后影像

通过计算红褐色区域，计算得出 A_o、A_{or}，结合式（5.1）计算剩余油饱和度 S_{or}，实验结果如表 5.7 所示。

表 5.7　0.5MPa 下小孔处相关数据计算结果

名称	结果/%
A_o	37.82
A_{or}	30.03
S_{or}	79.40
E_{do}	20.60

如表 5.7 所示，计算初始油面积占比为 37.82%，经过 CO₂驱替后，剩余油面积占比为 30.03%，此时剩余油饱和度为 79.40%，驱油效率为 20.60%。驱替压力为 0.5MPa 下大孔处饱和原油影像、CO₂驱替后影像如图 5.20 所示。

通过图 5.20 观察可知，（a）中红褐色流体为油样，基本充满整个芯片，局部区域为白色，则流体并未完全饱和；驱替后影像显示孔隙中基本为白色，则反应驱替后油样基本被排出，局部区域有少量残留。采用计算处理后红褐色累计面

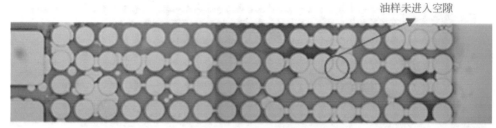

(a)0.5MPa下大孔处饱和油影像

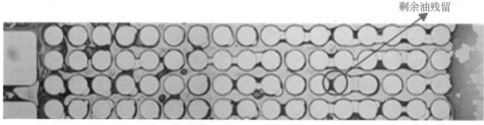

(b)0.5MPa下大孔处CO₂驱后影像

图5.20　0.5MPa下大孔处饱和原油影像、CO₂驱替后影像

积占比，进而计算驱油效率，处理后的影像如图 5.21 所示。

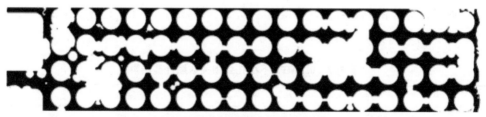

(a)0.5MPa下大孔处饱和油处理后影像

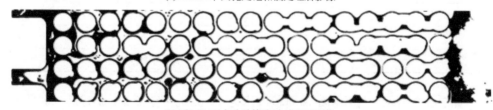

(b)0.5MPa下大孔处饱和油处理后影像

图5.21　0.5MPa下大孔处饱和原油影像、CO₂驱替处理后影像

通过计算红褐色区域，计算得出 A_o、A_{or}，结合式（5.1）计算剩余油饱和度 S_{or}，实验结果如表 5.8 所示。

表5.8　0.5MPa下大孔相关数据计算结果

名称	结果/%
A_o	37.99
A_{or}	21.91
S_{or}	57.67
E_{do}	42.33

如表5.8所示，计算初始油面积占比处37.99%，驱替后剩余油面积占比为21.91%，此时剩余油饱和度为57.67%，驱油效率为42.33%。剩余油饱和度低，驱油效率高，效果明显。对比0.5MPa条件下驱油效果可知，大孔处油样更容易饱和，且CO_2驱替效果好，进而CO_2驱油主要作用在较大孔喉处。对驱替压力为0.5MPa下大孔、小孔饱和原油影像、CO_2驱替后影像进行软件计算并综合分析，影像如图5.22所示。

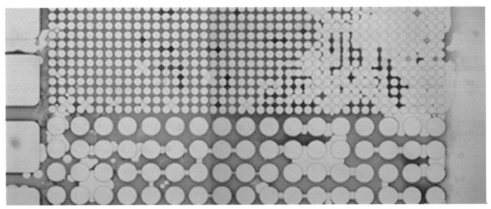

(a)0.5MPa下整体孔处饱和油影像

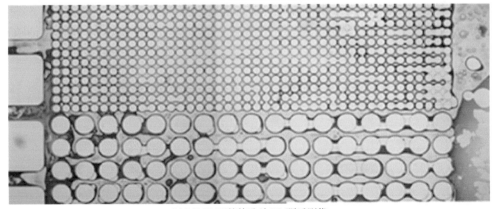

(b)0.5MPa下整体孔处CO_2驱后影像

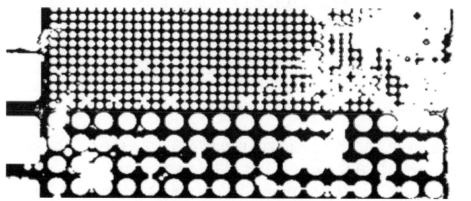

(c)0.5MPa下整体孔处饱和油处理后影像

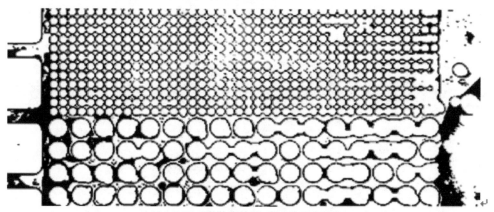

(d)0.5MPa下整体孔处CO_2驱后处理后影像

图5.22　0.5MPa下整体孔处理前后影像

如图5.22所示整体孔处理前后影像，大孔处驱替后剩余油占比较低，驱替效果优于小孔处，通过软件计算整体孔剩余油饱和度以及驱油效率，实验结果如表5.9所示。

表5.9　0.5MPa下整体孔相关数据计算结果

名称	结果/%
A_o	33.65
A_{or}	24.35
S_{or}	72.37
E_{do}	27.63

如表 5.9 所示，计算整体孔中初始油面积占比为 33.65%，驱替后剩余油面积占比为 24.35%，此时剩余油饱和度为 72.37%，驱油效率为 27.63%。通过对比在 0.5MPa 条件下，CO₂驱替不同实验参数，实验对比如图 5.23 所示。

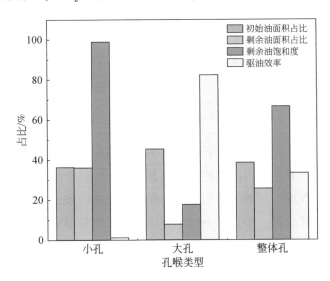

图 5.23　CO₂驱 0.5MPa 条件下不同孔喉相关实验参数对比图

如图 5.23 所示，通过相关实验参数对比可以看出，小孔处的初始油面积占比最小，大孔初始油面积占比最大，充分反映出实验流体更容易在较大孔喉处流动，因孔隙喉道小阻碍了流体的流动，因此较大孔喉处饱和面积占比更大，将大孔与小孔初始油面积占比进行对比，大孔处面积占比多 0.17%；在经过 0.5MPa 下 CO₂驱替后，剩余油面积占比最低的是大孔处，小孔处剩余油面积占比最大，则是因为 CO₂更容易在大孔处流动，与油样充分接触并排出油样，进而反映出采用 CO₂驱油主要作用在大孔处，大孔处与小孔处剩余油面积占比进行对比，大孔处剩余油面积占比小 8.12%；因剩余油面积占比所呈现的规律，计算剩余油饱和度时得到的规律与剩余油面积占比规律相同，实验剩余油样主要赋存于小孔处，进而导致小孔处剩余油饱和度大，大孔处驱替效果明显，剩余油饱和度相对较低；因较小孔处剩余实验油样流体较多，计算驱油效率可得，大孔处驱油效率远超小孔处驱油效率，大孔处驱油效率大 21.73%，且大孔处驱油效率达到了 42.33%。

在注入压力为 0.5MPa 的气相 CO₂驱替阶段，通过对微流控芯片模型 CO₂驱油不同尺度孔喉原油动用情况及驱油效率评价，可明确该压力系统下的 CO₂微观地质封存特征。综合分析可知，该阶段小孔隙喉道内的原油动用情况相较于

0.3MPa 的气相 CO_2 阶段大幅提高，但大孔隙喉道内的原油动用情况相较于 0.3MPa 的气相 CO_2 阶段有所减弱，使得综合 CO_2 驱油波及区域相较于 0.3MPa 的气相 CO_2 阶段有所减少，分析认为 CO_2 在大孔处发生气窜现象，主要沿着渗流阻力较小的大孔隙喉道流动，未能有效地覆盖整个区域，使得综合驱油渗流区域减少。在该阶段，较大一部分 CO_2 会随着原油流动至出口端散逸；另一部分 CO_2 会在驱替形成的渗流通道内物理封存，微观地质封存空间主要为不规则连片状的微、纳米孔喉通道。

四、综合对比分析

通过计算 CO_2 不同驱替压力下驱油效率，明确 CO_2 驱油主要作用在较大孔喉处，较大孔喉处更容易使得流体流动得以有效排出。基于研究所得的结果，综合分析随着压力的改变，驱油效率的变化情况，对之前的数据进行整合，针对不同孔喉类型进行对比分析，小孔在不同驱替压力下实验数据如表5.10所示。

表5.10　不同驱替压力条件下小孔喉驱油效率

驱替压力/MPa	名称	结果/%
0.1	A_o	36.38
	A_{or}	35.95
	S_{or}	98.83
	E_{do}	1.17
0.3	A_o	32.56
	A_{or}	30.09
	S_{or}	92.41
	E_{do}	7.59
0.5	A_o	37.82
	A_{or}	30.03
	S_{or}	79.40
	E_{do}	20.60

基于表5.10数据，对不同压力条件下所得驱油效率进行分析，随着驱替压力的增加，小孔处驱油效率呈现出上升趋势，分析原因则是因为小孔处流体难以流动，驱替压力的增加则有效地提高了流体在小孔中的流动能力，小孔区域中油样能有效排出，进而使得驱油效率有较为明显的提升。

　　基于图 5.24 可知，随着驱替压力的增加，小孔处驱油效率呈现出上升趋势，分析原因则是因为小孔处流体难以流动，驱替压力的增加能有效提高流体在小孔中的流动能力，使小孔区域中的油样有效排出，进而使得驱油效率有了较为明显的提升。对其整理后得不同驱替压力条件下大孔驱油效率，如表 5.11 所示。

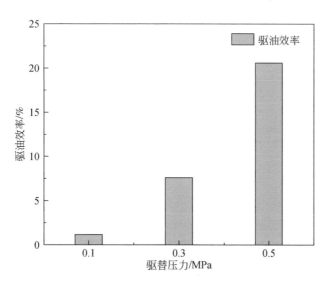

图 5.24　不同驱替压力下小孔处驱油效率

表 5.11　不同驱替压力条件下大孔驱油效率

驱替压力/MPa	名称	结果/%
0.1	A_o	45.40
	A_{or}	8.01
	S_{or}	17.64
	E_{do}	82.36
0.3	A_o	45.76
	A_{or}	7.93
	S_{or}	17.33
	E_{do}	82.67
0.5	A_o	37.99
	A_{or}	21.91
	S_{or}	57.67
	E_{do}	42.33

基于图 5.25 可知，大孔处 0.1MPa 与 0.3MPa 驱油效率相差不大，但 0.5MPa 驱油效率明显低于前两者，分析产生该现象的原因则是大孔中流体相对容易流动，当驱替压力较大时，气体会沿着阻力较小的通道进行快速流动，未能有效地充满整个实验区域，进而导致了驱油效率较低的实验现象。得出不同驱替压力下整体孔喉驱油效率，实验结果如表 5.12 所示。

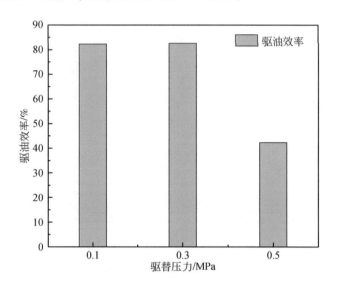

图 5.25　不同驱替压力下大孔处驱油效率

表 5.12　不同驱替压力条件下整体孔喉驱油效率

驱替压力/MPa	名称	结果/%
0.1	A_o	38.46
	A_{or}	25.63
	S_{or}	66.64
	E_{do}	33.36
0.3	A_o	42.17
	A_{or}	20.87
	S_{or}	49.48
	E_{do}	50.52

续表

驱替压力/MPa	名称	结果/%
	A_o	33.65
0.5	A_{or}	24.35
	S_{or}	72.37
	E_{do}	27.63

基于图 5.26 可知，在 0.3MPa 驱替压力下效果最佳，随着驱替压力的增加呈现出驱油效率先增加后减小的规律，分析原因可能是实验过程中（0.1MPa），因驱替压力较低，小孔处的流体未能有效地排除，进而导致整体驱油效率低的现象；在 0.3MPa 时，因为驱替压力的增大，小孔处流体驱油效率相比 0.1MPa 时有了明显的提升，且 0.1MPa 与 0.3MPa 大孔处 CO$_2$ 均有效地覆盖实验区域，进而大孔处驱油效率均较大，当驱替压力为 0.3MPa 时，大孔、小孔驱油效率均较好，因此整体驱油效率最大；当驱替压力为 0.5MPa 时，小孔处驱油效率最大，但是大孔处可能发生气窜现象，较大压力条件下，气体在驱替过程中会沿着阻力较小的路径流动，未能有效地覆盖整个区域，因此呈现出随着压力增大而导致驱油效率降低的现象。

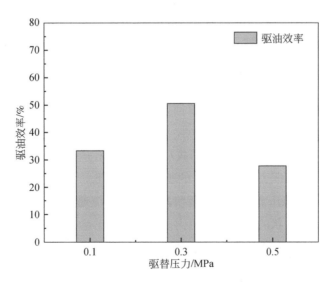

图 5.26　不同驱替压力下整体孔喉处驱油效率

在气相 CO$_2$ 驱替阶段，通过对微流控芯片模型 CO$_2$ 驱油不同尺度孔喉原油动用情况及驱油效率评价，可明确该压力系统下的 CO_2 微观地质封存特征。综合分析可知，驱替前期主要沿大孔隙喉道以指状形式推进，随着驱替时间的增加，微观渗流通道由单一的大孔隙喉道逐步转变为不规则连片状小孔隙喉道。当压力较大时，CO_2 在大孔处发生气窜现象，不能有效地覆盖整个区域，使得综合驱油渗流区域与封存空间减少。因此，一部分 CO_2 会随着原油流动至井口散逸；一部分 CO_2 会在驱替形成的渗流通道内物理封存，微观地质封存空间主要为不规则连片状的微、纳米孔喉通道。

本 章 小 结

通过不同注入压力的 CO_2 驱油与地质封存微流控实验，明确了 CO_2 不同尺度孔喉原油动用情况及地质封存规律，得到以下结论。

（1）随着驱替压力的升高，CO_2 在微流控模型中的驱油效率呈现先上升再下降的趋势，注入压力为 0.3MPa 时，整体孔喉处驱油效率最好，注入压力为 0.1MPa 的驱油效率优于注入压力为 0.5MPa 的驱油效率。

（2）注入压力为 0.3MPa 时小孔处驱油效率为 7.59%，大孔处驱油效率为 82.67%，整体孔喉驱油效率为 50.52%，相较于 0.1MPa 注入压力，整体孔喉驱油效率提高了 17.16%；分析认为，在实验过程中注入压力的增大使得 CO_2 驱替前缘带波及范围进一步增加，逐步由大孔隙喉道渗流到小孔隙喉道内，进一步提高了驱油效率。

（3）在注入压力为 0.5MPa 的实验阶段，小孔处驱油效率为 20.60%，大孔处驱油效率为 42.33%，整体孔喉驱油效率为 27.63%，相较于 0.3MPa 注入压力，整体孔喉驱油效率降低了 22.89%；分析认为，在实验过程中大孔处发生气窜现象，压力增大导致 CO_2 沿着阻力较小的大孔隙喉道渗流，未能有效波及整个区域，进而导致注入压力为 0.5MPa 的驱油效率最低。

（4）在不同注入压力的 CO_2 驱替阶段，微观渗流通道由单一的大孔隙喉道逐步延伸到不规则连片状的小孔隙喉道内。一部分 CO_2 会随着原油流动至出口端散逸；另一部分 CO_2 会在驱替形成的渗流通道内物理封存，微观地质封存空间主要为不规则连片状的微、纳米孔喉通道。

第六章　CO₂压裂排油与封存特征

第一节　压裂返排驱油可视化实验设置

压裂返排驱油微观可视化驱替系统可以直观、有效、准确地反映油水两相驱替过程中油水动态分布规律以及剩余油分布特征,具有科学全方位、可视化表征等特点,是室内水驱油实验的理想模型。本次实验选取鄂尔多斯盆地长 6 致密砂岩油藏真实岩心样品,制备单一缝模型及复杂缝模型,在超临界 CO_2+压裂液注入返排条件下,对模型开展驱油与地质封存可视化物理模拟实验。观察超临界 CO_2+压裂液注入返排过程中 CO_2 与压裂液沿裂缝及裂缝周边窜逸规律,明确气体及压裂液在基质和裂缝中的波及范围与采出程度。完整观察压裂液持续注入 60h 后,在单一缝模型及复杂缝模型中将 CO_2 压裂液注入辅助动用原油及地质封存阶段的渗流路径,同时观察压裂液在返排过程中渗流路径和驱油效率特征,进一步明确在致密砂岩油藏单一缝及复杂缝模型中的注入返排驱油与地质封存规律。

一、实验材料

本实验原油样品取自鄂尔多斯盆地长 6 油藏,与取样岩心为同层同井;选取长 6 致密砂岩油藏天然岩心制作可视化薄片,平均孔隙度为 9.95%,平均渗透率为 0.0565,实验用 CO_2 气体纯度为 99.9%。实验设备选用高温高压可视化物理流动模拟系统,温度设定为 60℃,注入压力设定为 8MPa,岩心样品信息见表 6.1。

表 6.1　岩心样品信息

岩心编号	孔隙度/%	渗透率/$10^{-3}\ \mu m^2$	直径/cm	长度/cm
5-1	10.52	0.0320	2.53	5.31
7-2	9.37	0.0810	2.54	5.25

二、实验方法

利用高温高压可视化物理流动模拟系统在线观测超临界 CO_2+压裂液注入返排过程中 CO_2 与压裂液沿裂缝及裂缝周边窜逸规律、返排驱油和地质封存规律。通过尼康 SMZ1500 高清显微镜、微量泵和高清录像系统，对超临界 CO_2+压裂液驱油过程中 CO_2-原油体系在单一缝模型及复杂缝模型中的油水动态分布规律，并对剩余油分布特征进行详细记录，明确在致密砂岩油藏单一缝模型及复杂缝模型中的注入返排驱油与地质封存规律。

三、实验流程

（1）对选取的岩心样品进行筛选、分类和编号，用苯和乙醇 3：1 的比例对岩心进行深度洗油操作，清洗完成后将岩心置于恒温箱内进行烘干，在 80℃下对岩样进行烘干 24h。

（2）对岩心样品进行物性参数分析测试，测试结束后对岩心进行切割打磨制作成长 50mm×宽 25mm×厚 1mm 的真实砂岩微观模型，为避免缝壁内空气滞留对实验结果的精确性产生影响，需在玻璃与岩心薄片之间注胶。

（3）模拟裂缝类型，单一缝是将真实砂岩微观模型沿中轴线刻缝，缝长为 30mm×宽 0.5mm×深 0.5mm；复杂缝模型是在已有单一缝的基础上与水平中轴线呈斜 45°角均匀刻 4 条分支缝，以此来模拟储层裂缝发育情况。

（4）配置模拟地层水（矿化度为 25000mg/L），注入压力设定为 4MPa、环压追踪泵设置围压为 4.5MPa，以 0.05mL/min 的恒定流量注入真实砂岩微观模型中，待出液量为 4~5PV 时认为模型基质孔隙中已完全饱和地层水；将油样以 0.05mL/min 的恒定流量注入真实砂岩微观模型中，驱替地层水，直至出口产出液的含油量为 100%，完成薄片模型原始地层油水分布构建。

（5）模拟压裂液注入与返排：关闭出口端，注入压力设定 8MPa，环压追踪泵压差设定为 2MPa，将压裂液以 0.05mL/min 的恒定流量持续注入真实砂岩微观模型中。

（6）实验全程进行实时在线监测，镜下实时观察模型油水分布动态，不再变化时，此时渗流通道基本趋于稳定且认为压裂结束；返排时，打开注入端，直至注入端无液滴流出后返排结束；更换模型，重复步骤（4）、（5）并完成剩余模型的压裂返排驱油可视化实验。

第二节　原始油水分布模型构建

一、单一缝模型饱和水特征

单一缝模型饱和原油实时渗流特征如图 6.1 所示。镜下观察表明，单一缝模型饱和水初期［图 6.1（a）］，在一定注入压力下，蓝色水首先沿着水平缝缓慢流动，并由中间向两侧均匀扩散，颜色由深变浅。继续饱和水至中期［图 6.1（b）］，两侧蓝色水边缘缓慢扩散的同时，水平缝周围两侧颜色有略微加深，继续饱和水至后期［图 6.1（c）］，两侧蓝色水边缘发生显著扩散，直至饱和至蓝色水分布不变为止［图 6.1（d）］，最终含水率达到 95% 以上。

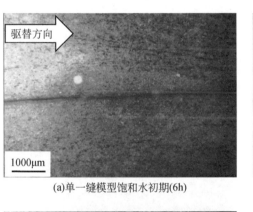

(a)单一缝模型饱和水初期(6h)

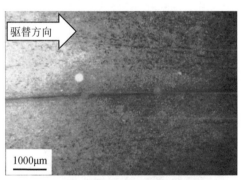

(b)单一缝模型饱和水中期(12h)

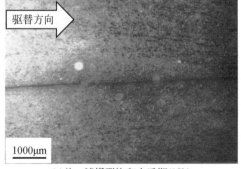

(c)单一缝模型饱和水后期(18h)

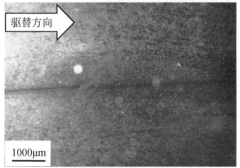

(d)单一缝模型饱和水末期(24h)

图 6.1　单一缝模型饱和水实时渗流特征

单一缝模型饱和水局部特征如图 6.2 所示。局部放大 1 倍、2 倍［图 6.2

（a）、（b）］，单一缝模型整体颜色分布规律显著，模型整体颜色从水平模拟缝内侧到缝两侧呈现由深到浅变化，距离水平模拟缝越近的区域颜色越深，反之越浅。颜色较深的孔隙喉道相对较大，驱替时蓝色水优先通过此类通道，颜色较浅的地方孔隙喉道相对较小，只有当地层水先进入大孔隙喉道后才会向小孔隙通过喉道进行扩散，但同时也存在部分死孔隙或者渗流能力差的孔隙喉道使得地层水无法进入。观察局部放大 4 倍、8 倍［图 6.2（c）、（d）］，饱和原始地层水主要先从大孔隙喉道通过，不断波及扩散到边缘的小孔隙喉道中，从而使得颜色有深浅之分。

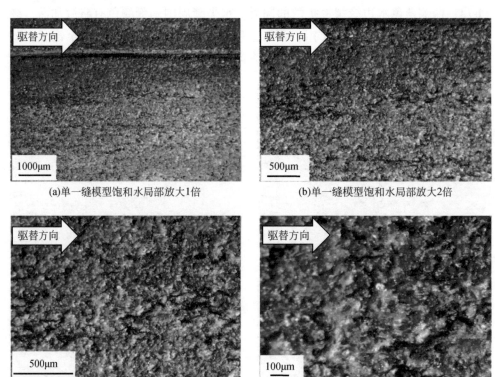

(a)单一缝模型饱和水局部放大1倍

(b)单一缝模型饱和水局部放大2倍

(c)单一缝模型饱和水局部放大4倍

(d)单一缝模型饱和水局部放大8倍

图 6.2　单一缝模型饱和水阶段微观渗流特征（局部放大）

二、单一缝模型饱和原油特征

单一缝模型饱和水实时渗流特征如图 6.3 所示，镜下观察表明，单一缝模型饱和原油初期［图 6.3（a）］，在一定注入压力下，红色原油首先沿着水平模拟缝缓慢流动，此时模型整体颜色还是以原先饱和水后的蓝色为主，并由中间向两侧均匀扩散；继续驱替模型至饱和原油中期［图6.3（b）］，原先蓝色水未流动波及的区域呈现无色，红色原油却也均匀进入该区域，且颜色略微泛红，红色面积只有少部分；继续驱替模型至饱和原油后期［图6.3（c）］，两侧油驱前缘发生显著扩散，原油波及范围缓慢增大，且红色原油均匀地分布在整个薄片模型上；直至驱替模型至红色原油分布不变为止，油水界限明显，最终达到原始含油状态［图6.3（d）］，单一缝模型建立油水分布完成。

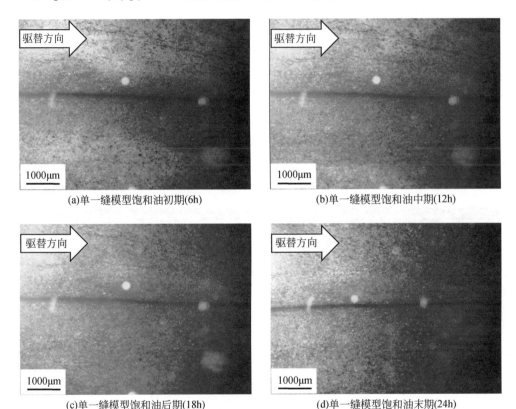

(a)单一缝模型饱和油初期(6h)　　　　　　　　(b)单一缝模型饱和油中期(12h)

(c)单一缝模型饱和油后期(18h)　　　　　　　　(d)单一缝模型饱和油末期(24h)

图6.3　单一缝模型饱和原油阶段实时渗流特征

　　单一缝模型饱和原油局部特征如图6.4所示。镜下观察表明，局部放大1倍、2倍时［图6.4（a）、（b）］，随着原油的持续注入使得注入的波及范围达到最大，表现为从开始的渗流通道到最后的波及边界，红色逐渐加深，最终达到原始含油状态后，呈现出水平模拟缝中间颜色深，两边颜色浅的现象。对于岩样整体连通性以及孔道大小分布较一致的岩样，则基本不会形成油的突进，从而在饱和原油时可以比较均匀地形成多个通道，因此这种模型在饱和原油结束后，整体的含油饱和度较好并且饱和原油情况较为均匀。局部放大 4 倍、8 倍时［图 6.4（c）、（d）］，原油先是沿渗流能力好的通道即大孔隙喉道进入，此时模型整体颜色是以原先蓝色为主，紧接原油在沿大孔隙喉道进入的同时向周边小孔隙喉道扩散，原油波及范围缓慢增大，薄片模型上红色面积逐渐增加，以至于原先的蓝色水加红色油在视觉上呈现出"紫色"（由于模型基质内孔隙结构复杂，忽略颜色变化差异，认为该紫色区域即为红色原油驱后的面积）。

(a)单一缝模型饱和油局部放大1倍

(b)单一缝模型饱和油局部放大2倍

(c)单一缝模型饱和油局部放大4倍

(d)单一缝模型饱和油局部放大8倍

图 6.4　单一缝模型饱和原油阶段微观渗流特征（局部放大）

三、复杂缝模型饱和水特征

复杂缝模型饱和水阶段实时渗流特征如图 6.5 所示。镜下观察表明，复杂缝模型饱和水初期［图 6.5（a）］，在一定注入压力下，蓝色水首先沿着水平模拟缝以及分支缝缓慢流动，并由缝内侧向缝两侧均匀扩散，颜色由深变浅，继续驱替模型至饱和水中期［图 6.5（b）］，水平模拟缝及分支缝周围逐渐出现扩散趋势，继续驱替模型至饱和水后期［图6.5（c）］，缝两侧的蓝色水边缘扩散趋势各有不同，蓝色水在各支缝与水平模拟缝之间所形成的内三角区域优先扩散，直至驱替模型至蓝色水分布模型各处且不再变化为止［图6.5（d）］，此刻认为饱和水完成，且最终含水率达到95%以上。

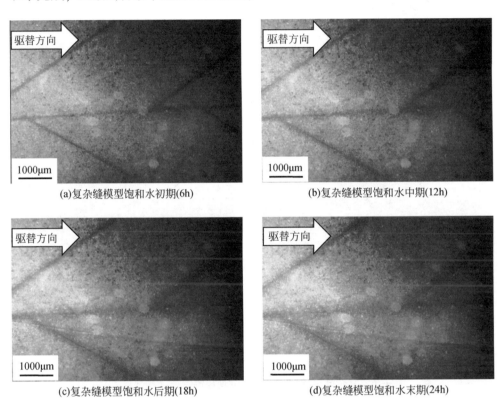

(a)复杂缝模型饱和水初期(6h)　　　　　　　(b)复杂缝模型饱和水中期(12h)

(c)复杂缝模型饱和水后期(18h)　　　　　　　(d)复杂缝模型饱和水末期(24h)

图6.5　复杂缝模型饱和水阶段实时渗流特征

复杂缝模型饱和水局部特征如图6.6所示。基于对单一缝模型饱和水的特征分析，支缝局部放大1倍、2倍时［图6.6（a）、（b）］，复杂缝模型整体颜色分布不均匀，距离缝越近的区域颜色越深，反之越浅。支缝与水平模拟缝之间所形成的内三角区域颜色尤为显著，即使驱替方向不变，支缝的蓝色水边缘扩散并与水平模拟缝蓝色水汇集从而形成整体不均匀的内三角区域。局部放大4倍、8倍时［图6.6（c）、（d）］，颜色较深的孔隙喉道相对较大，驱替时蓝色水优先通过此类通道；颜色较浅的地方孔隙喉道相对较小，只有当地层水先进入大孔隙喉道后才会向小孔隙通过喉道进行扩散，但同时也存在部分死孔隙或者渗流能力差的孔隙喉道使得地层水无法进入。饱和原始地层水主要先从大孔隙喉道通过，不断波及扩散到边缘的小孔隙喉道中，从而使得颜色有深浅之分。

(a)复杂缝模型饱和水局部放大1倍

(b)复杂缝模型饱和水局部放大2倍

(c)复杂缝模型饱和水局部放大4倍

(d)复杂缝模型饱和水局部放大8倍

图6.6　复杂缝模型饱和水阶段微观渗流特征（局部放大）

饱和原油阶段是来模拟原油生成后从生油层向储集层运移的过程。总体看来红色原油进入模型后主要为均匀饱和，均匀饱和特征表现为多水线平行推进饱和，随着红色油不断注入，饱和原油面积呈均匀增大，当采出端见水后保持持续注入，注入水线会发生持续扩张，导致波及面积仍会持续均匀增加。在红色原油饱和过程中，蓝色水没有流动波及的区域，红色原油却均匀进入了该区域，且均匀地分布在整个薄片模型上，油驱前缘较为均匀地向水平模拟缝两侧呈均匀状整体前进，逐渐波及真实砂岩微观模型，最终达到原始含油状态。

四、复杂缝模型饱和原油特征

复杂缝模型饱和原油实时渗流特征如图6.7所示。镜下观察表明，复杂缝模型饱和原油初期［图6.7（a）］，在一定注入压力下，红色原油首先沿着水平模拟缝及周边支缝缓慢流动，此时模型整体颜色还是以原先饱和水后的蓝色为主，红色面积只有少部分，并由中间向两侧均匀扩散；继续驱替模型至饱和原油中期［图6.7（b）］，原先蓝色水未流动波及的区域呈现无色，红色原油却也均匀进入了该区域，且颜色略微泛红；继续驱替模型至饱和原油后期［图6.7（c）］，油驱前缘发生显著扩散，各支缝与水平模拟缝之间所形成的内三角区域红色逐渐加深，原油波及范围缓慢增大，且红色原油均匀地分布在整个薄片模型上；直至驱替模型至红色原油分布不变为止，油水界限明显，最终达到原始含油状态［图6.7（d）］，复杂缝模型建立油水分布完成。

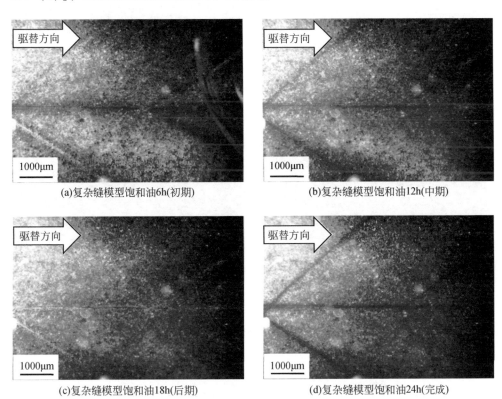

(a)复杂缝模型饱和油6h(初期)　　　　　(b)复杂缝模型饱和油12h(中期)

(c)复杂缝模型饱和油18h(后期)　　　　　(d)复杂缝模型饱和油24h(完成)

图6.7　复杂缝模型饱和原油微观渗流特征（全视域）

复杂缝模型饱和原油局部特征如图6.8所示。镜下观察表明，局部放大1倍、2倍时［图6.8（a）、（b）］，相较于周围比较明显的流动通道，红圈处颜色较浅，表明原油先沿着优势渗流通道进行流动，只有少量原油沿着颗粒间孔隙流动。局部放大4倍、8倍时［图6.8（c）、（d）］，整个可视区域内均已被原油饱和，图中黑色区域为岩样中岩石颗粒，其周围也显示有红色，表明颗粒之间也建立起一定的渗流通道。最终达到原始含油状态后，渗流能力不同的通道之间颜色差异逐渐缩小，但仍旧表现出缝中间红色深，缝两边红色浅的现象，建立原始油水分布模型完成。

(a)复杂缝模型饱和油局部放大1倍

(b)复杂缝模型饱和油局部放大2倍

(c)复杂缝模型饱和油局部放大4倍

(d)复杂缝模型饱和油局部放大8倍

图6.8　复杂缝模型饱和原油微观渗流特征（局部放大）

第三节　CO₂压裂排油与封存特征

一、单一缝模型 CO₂压裂排油与封存特征

5-1号样品单一缝模型在压裂液为不同注入时间下含油饱和度随时间变化曲线如图6.9所示。模型在原始含油状态、持续注入20h、持续注入40h、持续注

入 60h 以及持续注入 80h 后压裂液返排结果时对应的含油饱和度分别为 47.25%、37.74%、29.96%、28.74%、25.42%。可见，随着压裂液不断注入真实砂岩微观模型，模型内油水分布持续改变，主要表现为含油饱和度持续降低，在压裂液注入 0～40h 时降低程度最为明显，注入 40h 以后模型含油饱和度几乎没有明显变化且趋于稳定。直至压裂液返排时，真实砂岩微观模型内部分原油随返排液被带出，含油饱和度再次降低。

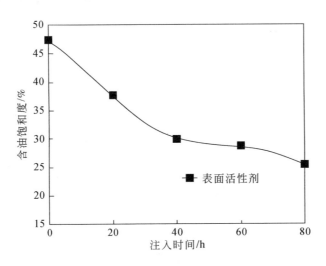

图 6.9　5-1 号样品单一缝模型含油饱和度随时间变化曲线

　　5-1 号样品单一缝模型不同注入时间下压裂注入返排微观渗流特征如图 6.10 所示。镜下观察表明，压裂液注入 20h 时［图 6.10（a）］，注入初期压裂液优先沿裂缝流动，裂缝内部分原油被挤出，基质内油水空间被压缩，模型内油水分布情况发生改变；随着压裂液持续注入，压裂液注入 40h 时［图 6.10（b）］，压裂液优先沿大孔隙喉道不断推进且波及范围逐渐扩大，模型含油饱和度降低了7.78%；当压裂液注入 60h 时［图 6.10（c）］，模型中含油饱和度略微降低1.22%，此时模型基质内的渗流通道趋于稳定，压裂液的持续注入对模型油水分布不再产生影响；当压裂液返排结束时［图 6.10（d）］，依靠返排过程产生的压差可以携带出裂缝及模型基质孔隙内的可动原油，含油饱和度继续降低 3.32%。

　　5-1 号样品单一缝模型不同注入时间下含油饱和度特征如图 6.11 所示。镜下观察表明，当压裂液注入 20h 时［图 6.11（a）］，裂缝内部分原油被挤出，波及区域主要为水平裂缝附近的模型基质，此时模型含油饱和度降低至 37.74%；随着压裂液持续注入，当压裂液注入 40h 时［图 6.11（b）］，注入中期红色原油被

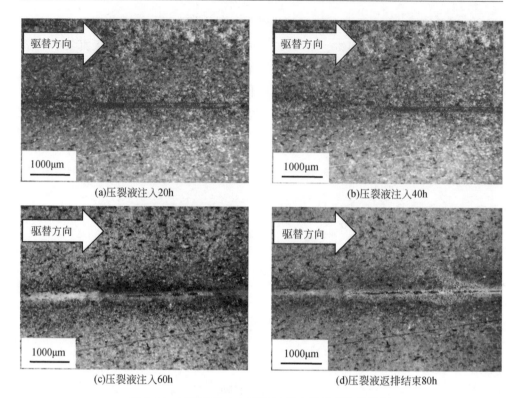

(a)压裂液注入20h　　　　　　　　　　(b)压裂液注入40h

(c)压裂液注入60h　　　　　　　　　　(d)压裂液返排结束80h

图6.10　压裂液注入与返排过程中的微观渗流特征

压裂液进一步压缩，模型含油饱和度继续降低至29.96%；当压裂液注入60h时[图6.11（c）]，压裂液作用范围达到最大，模型中含油饱和度降低至28.74%；当压裂液返排结束时[图6.11（d）]，裂缝及基质内存在大量被压缩的可动原油，依靠返排压差使得模型内的流体被驱出孔隙，含油饱和度继续降低至25.42%，此时，返排驱油效率为46.51%。

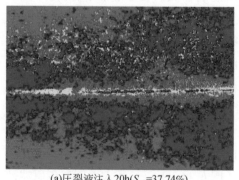

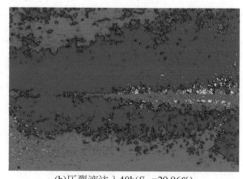

(a)压裂液注入20h(S_{or1}=37.74%)　　　　　　(b)压裂液注入40h(S_{or2}=29.96%)

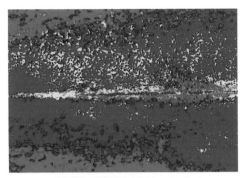

(c)压裂液注入60h(S_{or3}=28.74%) 　　　　　　(d)压裂液返排结束80h(S_{or4}=25.42%)

图6.11　压裂液注入与返排过程中的含油饱和度特征

二、复杂缝模型 CO₂压裂排油与封存特征

基于超临界 CO_2+压裂液体系，开展 7-2 号样品复杂缝模型超临界 CO_2 压裂注入返排驱油可视化实验。7-2 号样品复杂缝模型在压裂液不同注入时间下含油饱和度随时间变化曲线如图6.12所示。模型在原始含油状态、持续注入20h、持续注入40h、持续注入60h以及持续注入80h后压裂液返排结束时对应的含油饱和度分别为 42.15%、31.28%、22.89%、21.56%、17.69%。可见，随着压裂液不断注入真实砂岩微观模型，模型内油水分布持续改变，主要表现为含油饱和度持续降低，在超临界 CO_2 压裂液注入0～40h时降低程度最为明显，注入40h以后

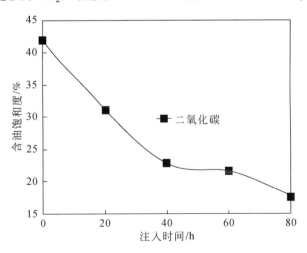

图6.12　7-2 号样品复杂缝模型含油饱和度随时间变化曲线

模型含油饱和度几乎没有明显变化且趋于稳定。直至压裂液返排时，真实砂岩微观模型内部分原油随返排液被带出，返排驱油效率为57.56%。

7-2号样品复杂缝模型不同注入时间下超临界CO_2压裂液注入返排微观渗流特征如图6.13所示。镜下观察表明，当压裂液注入20h时[图6.13（a）]，注入初期压裂液优先沿裂缝流动，波及区域主要在水平裂缝及分支裂缝附近的模型基质；随着压裂液持续注入，当压裂液注入40h时[图6.13（b）]，压裂液优先沿大孔隙喉道不断推进且波及范围逐渐扩大，模型含油饱和度降低了8.39%；当压裂液注入60h时[图6.13（c）]，此时模型基质内的渗流通道趋于稳定，压裂液作用范围达到最大，模型中含油饱和度略微降低1.33%；当超临界CO_2压裂液返排结束时[图6.13（d）]，依靠返排过程产生的压差可以携带出裂缝及模型基质孔隙内的可动原油，含油饱和度进一步降低3.87%。

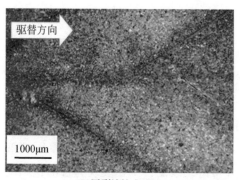

(a)压裂液注入20h

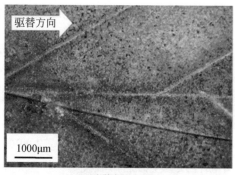

(b)压裂液注入40h

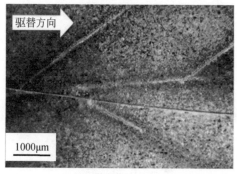

(c)压裂液注入60h

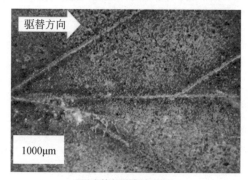

(d)压裂液返排结束80h

图6.13 超临界CO_2压裂液注入与返排过程中的微观渗流特征

7-2 号样品复杂缝模型不同注入时间下含油饱和度特征如图 6.14 所示。镜下观察表明，当超临界 CO_2 压裂液注入 20h 时［图 6.14（a）］，裂缝内部分原油被挤出，波及区域主要在水平裂缝及分支裂缝附近的模型基质，此时模型含油饱和度降低至 31.28%；随着压裂液持续注入，当压裂液注入 40h 时［图 6.14（b）］，注入中期红色原油被压裂液进一步压缩，模型含油饱和度继续降低至 22.89%；当压裂液注入 60h 时［图 6.14（c）］，压裂液作用范围达到最大，此时模型基质内的渗流通道趋于稳定，压裂液的持续注入对模型油水分布不再产生影响，模型中含油饱和度降低至 21.56%；当超临界 CO_2 压裂液返排结束时［图 6.14（d）］，裂缝及基质内存在大量被压缩的可动原油，依靠返排压差使得模型内水平裂缝及分支裂缝附近的流体被驱出孔隙，含油饱和度继续降低至 17.69%，此时，返排驱油效率为 57.56%。

(a)压裂液注入20h(S_{or1}=31.28%)

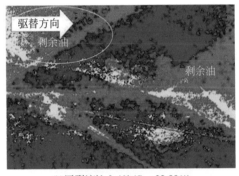

(b)压裂液注入40h(S_{or2}=22.89%)

(c)压裂液注入60h(S_{or3}=21.56%)

(d)压裂液返排结束80h(S_{or4}=17.69%)

图 6.14　超临界 CO_2 压裂液注入与返排过程中的含油饱和度特征

在超临界 CO_2+压裂液注入返排驱替阶段，通过对单一缝模型及复杂缝模型

CO_2+压裂液注入返排驱油渗流路径、波及范围及驱油效率评价，可明确该微观系统下的 CO_2 微观地质封存特征。综合分析可知，驱替前期压裂液优先沿多分支状裂缝通道流动，置换出裂缝内部原油，当压裂液渗入基质孔隙后，波及区域主要在多分支裂缝附近的大孔隙喉道内。随着驱替时间的增加，压裂液沿大孔隙喉道不断波及部分渗流能力差的小孔隙喉道，此时驱油渗流路径及波及范围均呈现大面积内三角状分布，当压裂液扩散波及范围达到最大值时，再依靠返排过程中的压差使得孔隙喉道内的流体被"驱出"，一定程度上可携带出裂缝通道及孔隙喉道内的部分可动原油。因此，在该阶段 CO_2 微观封存空间扩大，一部分 CO_2 主要在多分支状裂缝通道及大面积内三角状分布的微、纳米孔喉通道内物理封存；另一部分 CO_2 会随着原油流动至井筒被采出逸散，同时少部分 CO_2 与地层水–岩石相互作用反应溶解实现化学封存，CO_2 封存量可实现较大提升。

本 章 小 结

超临界 CO_2 压裂液注入与返排条件下的驱油与地质封存微观可视化实验，明确了 CO_2 及压裂液驱油效率及地质封存特征，得到以下结论。

（1）单一缝模型的压裂返排驱油过程中含油饱和度由 37.74% 降低到 25.42%，降幅达到 12.32%，返排驱油效率达到 46.51%；复杂缝模型超临界 CO_2 压裂返排驱油过程中含油饱和度由 31.28% 降低到 17.69%，降幅达到 13.59%，返排驱油效率达到 57.56%；二者均对低渗、裂缝发育差的可视化薄片模型的驱油效率提升较大，且超临界 CO_2 对驱油效率的提升程度优于表面活性剂。

（2）驱替前期压裂液优先沿多分支状裂缝通道流动，随着驱替时间的增加，压裂液沿大孔隙喉道不断波及部分渗流能力差的小孔隙喉道，渗流路径及波及范围呈现大面积内三角状分布，当压裂液扩散波及范围达到最大值时，返排压差使得孔隙喉道内的部分流体"驱出"，驱油效率升至最高值。

（3）CO_2 主要在多分支状裂缝通道及大面积内三角状分布的微、纳米孔喉通道内物理封存，一部分 CO_2 会随着原油流动至井筒采出逸散，少部分 CO_2 与地层水–岩石反应溶解实现化学封存，CO_2 封存量可实现较大提升。

第七章　结　　论

通过单一介质、双重介质 CO_2 驱油与地质封存特征，CO_2 驱油与封存岩心尺度模拟实验，CO_2 驱油与封存微流控模拟实验，超临界 CO_2 压裂驱油与封存特征，得到以下结论。

（1）在单一介质及双重介质模型的 CO_2 驱替阶段，驱油效率与 CO_2 驱替压力呈正相关关系。当 CO_2 达到混相状态，单一介质综合驱油效率达到82%，双重介质综合驱油效率达到13%，吞吐阶段综合驱油效率最高达到20%，周期注气驱油效率最高达到84%。

（2）在不同相态及不同驱替方式的 CO_2 驱替、吞吐阶段，CO_2 主要在裂缝通道、多分支状大孔隙喉道、不规则条带状及大面积宽条带状分布的微、纳米孔喉通道内物理封存，一部分 CO_2 会随着原油流动至井筒采出逸散。

（3）在岩心尺度模拟实验中，驱油效率随驱替、吞吐压力呈现单调增加的趋势。当 CO_2 达到混相状态，驱替阶段综合驱油效率为73.93%，吞吐阶段综合驱油效率为80.53%；CO_2 主要在单一的大孔隙喉道及大面积管束状分布的微、纳米孔喉通道内物理封存，少部分 CO_2 与地层水–岩石反应溶解实现化学封存。

（4）在微流控模拟实验中，驱油效率随驱替压力呈现先上升、再下降的趋势，注入压力为 0.3MPa 的整体孔喉驱油效率最高达到50.52%；微观地质封存空间主要为单一大孔隙喉道及不规则连片状的小孔隙喉道。

（5）在含有表面活性剂的压裂返排驱油实验中，含油饱和度由47.52%降低到29.52%，返排驱油效率达到46.51%；在超临界 CO_2 压裂返排驱油实验中，含油饱和度由41.68%降低到21.56%，返排驱油效率达到57.56%。CO_2 主要在多分支状裂缝通道及大面积内三角状分布的微、纳米孔喉通道内物理封存，少部分 CO_2 与地层水–岩石反应溶解实现化学封存，CO_2 封存量可实现大幅提升。

参 考 文 献

安祥燕, 宋艺洲, 苗娟. 2022. 能源"金三角"崛起绿色工程. 中国石油报, (3).

柏明星, Kurt M R, 艾池, 等. 2013. 二氧化碳地质存储过程中沿井筒渗漏定性分析. 地质论评, 59 (1): 107-112.

蔡萌, 杨志刚, 赵明. 2023. CCUS-EOR 工程技术进展与展望. 石油科技论坛, 42 (2): 49-56.

曹绪龙, 吕广忠, 王杰, 等. 2020. 胜利油田 CO_2 驱油技术现状及下步研究方向. 油气藏评价与开发, 10 (3): 51-59.

陈欢庆, 胡永乐, 田昌炳, 等. 2015. CO_2 驱油与埋存对低碳经济的意义. 西南石油大学学报 (社会科学版), 17 (5): 9-15.

陈欢庆, 胡永乐, 田昌炳. 2012. CO_2 驱油与埋存研究进展. 油田化学, 29 (1): 116-121.

陈舰. 2022. 一种岩石单裂隙非线性渗流规律的可视化实验方法实现. 南京: 东南大学.

陈龙龙. 2023. 致密砂岩油藏 CO_2-粘弹性流体协同驱油机理研究. 北京: 中国石油大学 (北京).

陈晓军, 涂富华, 林保树, 等. 2000. 应用微观模拟技术研究复合驱驱油特征. 西北地质, 33 (2): 14-21.

陈兴隆, 秦积舜, 张可. 2009. CO_2 与原油混相及非混相条件下渗流机理差异. 特种油气藏, 16 (3): 77-81.

陈祖华, 吴公益, 钱卫明, 等. 2020. 苏北盆地复杂小断块油藏注 CO_2 提高采收率技术及应用. 油气地质与采收率, 27 (1): 152-162.

程毅翀. 2015. 基于低场核磁共振成像技术的岩心内流体分布可视化研究. 上海: 上海大学.

党海龙, 王小锋, 崔鹏兴, 等. 2020. 基于核磁共振技术的低渗透致密砂岩油藏渗吸驱油特征研究. 地球物理学进展, 35 (5): 1759-1769.

丁帅伟, 席怡, 刘广为, 等. 2023. 低渗透油藏 CO_2 驱不同注入方式对提高采收率与地质封存的适应性. 油气地质与采收率, 30 (2): 104-111.

董喜贵, 韩培慧, 杨振宁, 等. 2009. 大庆油田二氧化碳驱油先导性矿场试验. 北京: 石油工业出版社.

杜东兴, 王德玺, 贾宁洪, 等. 2016. 多孔介质内 CO_2 泡沫液渗流特性实验研究. 石油勘探与开发, 43 (3): 456-461.

段景杰，姚振杰，黄春霞，等．2017．特低渗透油藏 CO_2 驱流度控制技术．断块油气田，24（2）：190-193.

范盼伟，朱维耀，林吉生，等．2017．超临界 CO_2 萃取稠油影响因素及规律研究．科学技术与工程，17（6）：31-36.

冯洋，杨国旗，李颖涛，等．2022．基于砂岩岩心模型的微观水驱油渗流规律和剩余油赋存状态实验．非常规油气，9（4）：98-106.

高冉，吕成远，伦增珉．2021．CO_2 驱油-埋存一体化评价方法．热力发电，50（1）：115-122.

高影，涂亚楠，王卫东，等．2024．含钙镁煤基固废 CO_2 矿化封存及其产物性能研究进展．煤炭科学技术，52（5）：301-315.

龚蔚，蒲万芬，曹建．2008．就地生成二氧化碳提高采收率研究．特种油气藏，15（6）：76-78.

郭东红，李森，袁建国．2002．表面活性剂驱的驱油机理与应用．精细石油化工进展，7（3）：36-41.

胡丽莎，常春，于青春．2012．鄂尔多斯盆地山西组地下咸水 CO_2 溶解能力．地球科学：中国地质大学学报，37（2）：301-306.

胡永乐，郝明强．2020．CCUS 产业发展特点及成本界限研究．油气藏评价与开发，10（3）：15-22.

江怀友，沈平平，卢颖，等．2009．世界油气储层二氧化碳埋存量计算研究．地球科学进展，（10）：1122-1129.

江怀友，沈平平，罗金玲，等．2010．世界二氧化碳埋存技术现状与展望．中国能源，32（6）：28-32.

鞠斌山，杨怡，杨勇，等．2023．高含水油藏 CO_2 驱油与地质封存机理研究现状及待解决的关键问题．油气地质与采收率，30（2）：53-67.

康宵瑜，余华贵，江绍静，等．2015．长岩心 CO_2 吞吐采油物理模拟实验研究：以靖边油田墩洼油区延安组储层为例．石油地质与工程，29（3）：142-144.

李爱芬，高子恒，景文龙，等．2023．基于 CT 扫描的蒸汽驱岩心孔隙结构特征及相渗分析．特种油气藏，30（1）：79-86.

李明，朱玉双，李文宏，等．2019．CO_2 驱微观可视化技术在超低渗储层中的应用可行性研究：以鄂尔多斯盆地为例．现代地质，33（4）：911-918.

李南，程林松．2012．低渗透油藏 CO_2 混相驱过程中考虑对流扩散的流固耦合模型研究．岩石力学与工程学报，31（S1）：3055-3060.

李士伦，孙雷，陈祖华，等．2020．再论 CO_2 驱提高采收率油藏工程理念和开发模式的发展．油气藏评价与开发，10（3）：1-14.

李阳．2020．低渗透油藏 CO_2 驱提高采收率技术进展及展望．油气地质与采收率，27（1）：1-10.

李铱，李旭峰，沈照理，等．2015. CO_2 地质封存室内实验中盐水种类对残余水形成的影响．地学前缘，22：312-319.

廉培庆，高文彬，汤翔，等．2020. 基于 CT 扫描图像的碳酸盐岩油藏孔隙分类方法．石油与天然气地质，41 (4)：852-861.

梁利平．2014. 页岩气藏体积压裂评价及产能模拟研究．西安：西北大学．

林承焰，吴玉其，任丽华，等．2018. 数字岩心建模方法研究现状及展望．地球物理学进展，33 (2)：679-689.

刘冰．2016. CO_2 油气藏埋存技术现状及实例分析．大庆：东北石油大学．

刘操，赵春辉，钟福平，等．2024. 深部煤层 CO_2 地质封存量化评估及案例研究．煤炭科学技术，52 (S1)：288-298.

刘佳庆，周康，丁磊，等．2012. 鄂尔多斯盆地东部盒 8 段气水两相驱替渗流特征及影响因素分析．新疆石油天然气，8 (2)：46-49.

刘向斌，张赫，白文广，等．2022. 大庆油田 CO_2 驱试验区注入井综合解堵技术．大庆石油地质与开发，41 (6)：58-63.

刘笑春，黎晓茸，杨飞涛，等．2019. 长庆姬塬油田黄 3 区 CO_2 驱对采出原油物性影响．油气藏评价与开发，9 (3)：36-40.

刘旭飞．2023. 致密砂岩油藏压裂返排驱油机理研究．西安：西安石油大学．

刘焱．2018. 低渗透裂缝性油藏 CO_2 驱油效果影响因素研究．北京：中国石油大学（北京）．

刘禹辰．2020. 中国二氧化碳驱油的综合效益评估与政策需求研究：以 A 油田为例．北京：中国地质大学．

鲁守飞，翟亮，杨雯欣，等．2024. 低渗透油藏 CO_2 驱技术对油藏岩石和原油的适应性研究．化工管理，(3)：72-75.

陆晓如．2023. 推进新疆能源全产业链高质量发展——专访全国人大代表，中国石油新疆油田执行董事、党委书记杨立强．中国石油石化，(8)：32-33.

罗金玲，高冉，黄文辉，等．2011. 中国二氧化碳减排及利用技术发展趋势．资源与产业，13 (1)：132-137.

罗亚煌．2016. 超临界 CO_2 作用后页岩微观结构与吸附解吸特性的研究．重庆：重庆大学．

彭谋，李江海，杨博．2024. 深层砂岩储层孔隙结构特征及其影响因素——以银额盆地拐子湖凹陷为例．北京大学学报（自然科学版），60 (2)：249-264.

乔俊程，曾溅辉，夏宇轩，等．2022. 微纳米孔隙网络中天然气充注的三维可视化物理模拟．石油勘探与开发，49 (2)：306-318.

秦积舜，韩海水，刘晓蕾．2015. 美国 CO_2 驱油技术应用及启示．石油勘探与开发，42 (2)：209-216.

秦积舜，李永亮，吴德彬，等．2020. CCUS 全球进展与中国对策建议．油气地质与采收率，27 (1)：20-28.

秦绪佳，欧宗瑛，侯建华．2002．医学图像三维重建模型的剖切与立体视窗剪裁．计算机辅助设计与图形学学报，14（3）：275-279.

全浩，温雪峰，郭琳琳．2007．CO$_2$捕集和地储存技术的现状及发展趋势（一）．煤炭工程，12：75-78.

沈平平，杨永智．2006．温室气体在石油开采中资源化利用的科学问题．中国基础科学，8（3）：23-31.

宋倩倩，蒋庆哲，宋昭峥．2015．炼油厂CO$_2$-EOR产业链的经济评价．石油学报（石油加工），31（1）：119-125.

宋新民，王峰，马德胜，等．2023．中国石油二氧化碳捕集、驱油与埋存技术进展及展望．石油勘探与开发，50（1）：206-218.

孙会珠，朱玉双，魏勇，等．2020．CO$_2$驱酸化溶蚀作用对原油采收率的影响机理．岩性油气藏，32（4）：136-142.

田键，康毅力，游利军，等．2024．致密砂岩孔隙尺度下气–水界面动态演化可视化实验研究．力学学报，56（3）：862-873.

王琛．2018．致密砂岩油藏CO$_2$驱CO$_2$–原油–微纳米级孔喉系统相互作用机理研究．北京：中国石油大学（北京）.

王高峰，秦积舜，黄春霞，等．2019．低渗透油藏二氧化碳驱同步埋存量计算．科学技术与工程，19（27）：148-154.

王双明，申艳军，孙强，等．2022．"双碳"目标下煤炭开采扰动空间CO$_2$地下封存途径与技术难题探索．煤炭学报，47（1）：45-60.

王香增，杨红，王伟，等．2023．低渗透致密油藏CO$_2$驱油与封存技术及实践．油气地质与采收率，30（2）：27-35.

王欣然，杨丽娜，王艳霞，等．2022．海上双重介质油藏三次采油提高采收率实验研究．断块油气田，29（5）：704-708.

王艺霖．2023．孔隙–裂隙双重介质达西–非达西渗流及溶质运移规律研究．北京：中国地质大学.

王勇，姜汉桥，郭晨，等．2023．基于微流控技术的裂缝性碳酸盐岩油藏脱气后水窜治理实验研究．中国海上油气，35（1）：78-88.

韦琦．2018．特低渗油藏CO$_2$驱气窜规律分析与工艺对策研究．北京：中国石油大学（北京）.

魏振国．2011．CO$_2$驱采油技术研究与应用现状．科技导报，29（13）：75-79.

魏振国，裴铁民，陈义发，等．2023．CO$_2$驱微粒运移堵塞机理及解堵技术研究．石化技术，30（10）：161-163.

文星，刘月田，田树宝，等．2015．特低渗透油藏CO$_2$驱注采参数优化设计．陕西科技大学学报，33（3）：116-120.

武守亚. 2016. 二氧化碳驱油封存过程建模与分析研究. 青岛: 中国石油大学 (华东).

武杨青, 翟亮, 鲁守飞, 等. 2023. 碳中和背景下 CO_2 驱油技术研究进展. 山东化工, 52 (1): 109-111.

肖尊荣, 赵玉龙, 张烈辉, 等. 2023. 基于双重介质嵌入式离散裂缝模型的致密油藏产能影响因素. 科学技术与工程, 23 (25): 10780-10790.

许志刚, 陈代钊, 曾荣树, 等. 2009. CO_2 地下地质埋存原理和条件. 西南石油大学学报自然科学版, 31 (1): 91-97.

杨昌华, 王庆, 董俊艳, 等. 2012. 高温高盐油藏 CO_2 驱泡沫封窜体系研究与应用. 石油钻采工艺, 34 (5): 95-97.

杨术刚, 蔡明玉, 张坤峰, 等. 2023. CO_2-水-岩相互作用对 CO_2 地质封存体物性影响研究进展及展望. 油气地质与采收率, 30 (6): 80-91.

杨现禹, 解经宇, 叶晓平, 等. 2023. 低渗油藏 CO_2 地质封存矿物颗粒运移及注入堵塞机理. 煤炭学报, 48 (7): 2827-2835.

姚传进, 达祺安, 张雪, 等. 2023. 非常规油气田化学工作液可视化流动模拟实验系统设计. 实验技术与管理, 40 (2): 63-68.

叶航, 刘琦, 彭勃, 等. 2020. 纳米颗粒抑制 CO_2 驱油过程中沥青质沉积的研究进展. 油气地质与采收率, 27 (5): 86-96.

袁士义, 王强, 李军诗, 等. 2020. 注气提高采收率技术进展及前景展望. 石油学报, 41 (12): 1623-1632.

袁士义, 马德胜, 李军诗, 等. 2022. 二氧化碳捕集、驱油与埋存产业化进展及前景展望. 石油勘探与开发, 49 (4): 828-834.

张德平. 2011. CO_2 驱采油技术研究与应用现状. 科技导报, 29 (13): 75-79.

张德平. 2021. 化学-渗流-应力作用下 CO_2 埋存地层完整性研究. 大庆: 东北石油大学.

张二勇. 2012. 澳大利亚 Otway 盆地二氧化碳地质封存示范工程. 水文地质工程地质, 39 (2): 131-137.

张浩, 仲向云, 党永潮, 等. 2018. 鄂尔多斯盆地安塞油田长 6 储层微观孔隙结构. 断块油气田, 25 (1): 34-38.

张硕, 单文文, 张红丽, 等. 2009. 特低渗透油藏 CO_2 近混相驱油. 大庆石油地质与开发, 28 (1): 4.

赵建鹏, 陈惠, 李宁, 等. 2020. 三维数字岩心技术岩石物理应用研究进展. 地球物理学进展, 35 (3): 1099-1108.

赵梦丹. 2021. 微纳米颗粒微观流动可视化实验研究. 北京: 中国石油大学 (北京).

郑欢. 2021. 自发渗吸和压力驱动作用下的双重介质模型窜流函数研究. 合肥: 中国科学技术大学.

郑文宽, 杨勇, 吕广忠, 等. 2021. CO_2 驱注采耦合提高采收率技术. 西安石油大学学报 (自然科学版），36（5）：77-82.

郑欣．2023. 毛管压力曲线法与 CT 扫描数字岩心技术的应用对比分析．海洋石油，43（4）：18-23.

周博，董长银，王力智，等．2021. 含聚合物疏松砂岩岩心出砂形态微观模拟实验．断块油气田，28（6）：848-853.

俎栋林．2004. 核磁共振成像学．北京：高等教育出版社．

Ampomah W, Balch R, Cather M, et al. 2016. Evaluation of CO_2 storage mechanisms in CO_2 enhanced oil recovery sites: Application to Morrow sandstone reservoir. Energy & Fuels, 30（10）：8545-8555.

Barenblatt G I, Zheltov I P, Kochina I N. 1960 Basic concepts in the theory of seepage of homogeneous liquids in fissured rocks [strata]．Journal of Applied Mathematics & Mechanics, 24（5）：1286-1303.

Blunt M J, Bijeljic B, Dong H, et al. 2013. Pore-scale imaging and modelling. Advances in Water Resources, 51：197-216.

Bradshaw J, Bachu S, Bonijoly D, et al. 2007. CO_2 storage capacity estimation: Issues and development of standards. International Journal of Greenhouse Gas Control, 1：62-68.

Chen R, Qin Y, Wei C, et al. 2017. Changes in pore structure of coal associated with Sc- CO_2 extraction during CO_2-ECBM. Applied Sciences, 7：931.

Davis J J, Jones S. 1968. Displacement mechanisms of micellar solutions. Journal of Petroleum Technology, 20（12）：1415-1428.

Day S, Fry R, Sakurovs R. 2008. Swelling of Australian coals in supercritical CO_2．International Journal of Coal Geology, 74：41-52.

Dutta P, Bhowmik S, Das S. 2011. Methane and carbon dioxide sorption on a set of coals from India. International Journal of Coal Geology, 85（3）：289-299.

Eshraghi S, Rasaei M, Zendehboudi S. 2016. Optimization of miscible CO_2 EOR and storage using heuristic methods combined with capacitance/resistance and Gentil fractional flow models. Journal of Natural Gas Science and Engineering, 32：304-318.

Fang H, Sang S, Liu S. 2019. Establishment of dynamic permeability model of coal reservoir and its numerical simulation during the CO_2-ECBM process. Journal of Petroleum Science and Engineering, 179：885-898.

Fathi E, Akkutlu I Y. 2014. Multi-component gas transport and adsorption effects during CO_2 injection and enhanced shale gas recovery. International Journal of Coal Geology, 123：52-61.

Gilman J R. 1986. An efficient finite-difference method for simulating phase segregation in the matrix blocks in double-porosity reservoirs. Spe Reservoir Engineering, 1（4）：403-413.

Gilman J R, Kazemi H. 1988. Improved calculations for viscous and gravity displacement in matrix blocks in dual-porosity simulators. Journal of Petroleum Technology, 40 (1): 60-70.

Goodman A, Sanguinito S, Tkach M, et al. 2019. Investigating the role of water on CO_2-Utica Shale interactions for carbon storage and shale gas extraction activities Evidence for pore scale alterations. Fuel, 242: 744-755.

Hajiabadi S H, Bedrikovetsky P, Borazjani S, et al. 2021. Well Injectivity during CO_2 Geosequestration: A review of hydro-physical, chemical, and geomechanical effects. Energy & Fuels, 35: 9240-9267.

He L P, Shen P P, Liao X W, et al. 2015. Study on CO_2, EOR and its geological sequestration potential in oil field around Yulin city. Journal of Petroleum Science & Engineering, 134: 199-204.

Hsieh B Z, Nghiem L, Shen C H, et al. 2013. Effects of complex sandstone-shale sequences of a storage formation on the risk of CO_2 leakage: Case study from Taiwan. International Journal of Greenhouse Gas Control, 17: 376-387.

Jia B, Tsau J S, Barati R. 2019. A review of the current progress of CO_2 injection EOR and carbon storage in shale oil reservoirs. Fuel, 236: 404-427.

Jin L, Pekot J, Smith A, et al. 2018. Effects of gas relative permeability hysteresis and solubility on associated CO_2 storage performance. International Journal of Greenhouse Gas Control, 75: 140-150.

Jung H B, Um W, Cantrell K J. 2013. Effect of oxygen co-injected with carbon dioxide on Gothic shale caprock-CO_2-brine interaction during geologic carbon sequestration. Chemical Geology, 354: 1-14.

Kazi A, Osman A, Ammar E, et al. 2022. Depositional and diagenetic controls on reservoir heterogeneity and quality of the Bhuban formation, Neogene Surma Group, Srikail Gas Field, Bengal Basin, Bangladesh. Journal of Asian Earth Sciences, 223, 104985.

Kumar A, Ozah R, Noh M, et al. 2005. Reservoir simulation of CO_2 storage in deep saline aquifers. SPE Journal, 10: 336-348.

Kutsienyo E J, Ampomah W, Sun Q, et al. 2019. Evaluation of CO_2-EOR Performance and Storage Mechanisms in an Active Partially Depleted Oil Reservoir. Paper presented at the SPE Europec featured at 81st EAGE Conference and Exhibition, London.

Larsen J W. 2014. The effects of dissolved CO_2 on coal structure and properties. International Journal of Coal Geology, 57: 63-70.

Larsen O, Woutersen S. 2004. Vibrational relaxation of the H_2O bending mode in liquid water. Journal of Chemical Physics, 121 (24): 12143-12145.

Lashgari R, Sun A, Zhang T, et al. 2019. Evaluation of carbon dioxide storage and miscible gas EOR in shale oil reservoirs. Fuel, 241: 1223-1235.

Lee B Y Q, Tan T B S. 1987. Application of multiple porosity/permeability simulator in fractured reservoir simulation. Society of Petroleum Engineers Journal, 27: 181-192.

Li Q, Liu X, Zhang J, et al. 2014. A Novel Shallow Well Monitoring system for CCUS: With assessment of CO_2 trapping mechanisms in partially depleted oil-bearing sand. Fuel, 278: 118356.

Li X, Wei N, Liu Y, et al. 2009. CO_2 point emission and geological storage capacity in China. Energy Procedia, 1 (1): 2793-2800.

Mahzari P, Jones A P, Oelkers E H. 2020. Impact of in-situ gas liberation for enhanced oil recovery and CO_2 storage in liquid-rich shale reservoirs. Energy Sources, Part A, 1: 1-21.

Massarotto P, Golding S, Bae J S et al. 2010. Changes in reservoir properties from injection of supercritical CO_2 into coal seams——A laboratory study. International Journal of Coal Geology, 82: 269-279.

Mathias S A, Gluyas J G, Oldenburg C M, et al. 2010. Analytical solution for Joule- Thomson cooling during CO_2 geo- sequestration in depleted oil and gas reservoirs. International Journal of Greenhouse Gas Control, 4: 806-810.

Moench A F. 1984. Double- porosity models for a fissured groundwater reservoir with fracture skin. Water Resources Research, 20 (7): 831-846.

Mosleh M H, Sedighi M, Babaei M, et al. 2019. 16- Geological sequestration of carbon dioxide. Managing Global Warming, An Interface of Technology and Human Issues, 487-500.

Nghiem L, Shrivastava V, Kohse B, et al. 2010. Simulation and optimization of trapping processes for CO_2 storage in saline aquifers. Journal of Canadian Petroleum Technology, 49: 15-22.

Pruess K, Narasimhan T N. 1985. A practical method for modeling fluid and heat flow in fractured porous media. Society of Petroleum Engineers Journal, 25 (1): 14-26.

Ren B, Zhang L, Huang H, et al. 2015. Performance evaluation and mechanisms study of near-miscible CO_2 flooding in a tight oil reservoir of Jilin Oilfield China. Journal of Natural Gas Science and Engineering, 27: 1796-1805.

Safi R, Agarwal R K, Banerjee S. 2016. Numerical simulation and optimization of CO_2 utilization for enhanced oil recovery from depleted reservoirs. Chemical Engineering Science, 144: 30-38.

Saini D. 2015. CO_2-Prophet model based evaluation of CO_2-EOR and storage potential in mature oil reservoirs. Journal of Petroleum Science and Engineering, 134: 79-86.

Siriwardane H, Haljasmaa I, Mclendon R, et al. 2009. Influence of carbon dioxide on coal permeability determined by pressure transient methods. International Journal of Coal Geology, 77: 109-118.

Stevens S H, Spector D, Riemer P. 1998. Enhanced coalbed methane recovery using CO_2 injection: Worldwide resource and CO_2 sequestration potential. Paper presented at the SPE International Oil and Gas Conference and Exhibition in China, Beijing, China, November, 1998.

Su E, Liang Y, Zou Q, et al. 2019. Analysis of effects of CO_2 injection on coalbed permeability: Implications for coal seam CO_2 sequestration. Energy & Fuels, 33: 6606-6615.

Sun L, Dou H, Li Z, et al. 2018. Assessment of CO_2 storage potential and carbon capture, utilization and storage prospect in China. Journal of the Energy Institute, 91 (6): 970-977.

Sun Q, Shi P, Lin C, et al. 2020 Effects of Astragalus Polysaccharides Nanoparticles on Cerebral Thrombosis in SD Rats. Frontiers in bioengineering and biotechnology, 23: 8: 616759.

Wang C, Li T, Gao H, et al. 2017. A. Effect of asphaltene precipitation on CO_2-flooding performance in low- permeability sandstones: A nuclear magnetic resonance study. RSC advances, 7 (61): 38367-38376.

Wang T, Tian S, Li G, et al. 2018 Molecular simulation of CO_2/CH_4 competitive adsorption on shale kerogen for CO_2 sequestration and enhanced gas recovery. The Journal of Physical Chemistry C, 122: 17009-17018.

Warren J E, Root P J. 1963. The behavior of naturally fractured reservoirs. Society of Petroleum Engineers Journal, 3 (3): 245-255.

Welch A, Sheets M, Plac C, et al. 2019. Assessing geochemical reactions during CO_2 injection into an oil-bearing reef in the Northern Michigan Basin. Applied Geochemistry, 100: 380-392.

Wu Y S. 2002. An approximate analytical solution for non- Darcy flow toward a well in fractured media. Water Resources Research, 38 (3): 1023.

Xu R, Li R, Ma J, et al. 2017. Effect of mineral dissolution/precipitation and CO_2 Exsolution on CO_2 transport in geological carbon storage. Accounts of Chemical Research, 50: 2056-2066.

Yu F W, Jiang H Q, Fan Z, et al. 2019. Formation and flow behaviors of in situ emulsions in heavy oil reservoirs. Energy & Fuels, 33 (7): 5961-5970.

Zhang S, Depaolo D J. 2017. Rates of CO_2 mineralization in geological carbon storage. Accounts of Chemical Research, 50: 2075-2084.

Zoback M D, Gorelick S M. 2012. Earthquake triggering and large- scale geologic storage of carbon dioxide. Proceedings of the National Academy of Sciences, 109: 10164- 101, 68.